从0到1

MySQL
即学即用

计算机通识精品课

莫振杰 著

绿叶学习网计算机系列教程
累计超**1000**万人次学习

读完就学会，上手就能用

基于MySQL 8标准编写
零基础快速上手数据库开发

人民邮电出版社
北 京

图书在版编目（CIP）数据

从0到1：MySQL即学即用 / 莫振杰著. -- 北京：
人民邮电出版社，2023.1
ISBN 978-7-115-60396-8

Ⅰ. ①从… Ⅱ. ①莫… Ⅲ. ①关系数据库系统 Ⅳ.
①TP311.132.3

中国版本图书馆CIP数据核字(2022)第207917号

内 容 提 要

全书的知识点讲解主要分为4部分：第1部分主要介绍 MySQL 的基本语法，包括数据库简介、SQL
语法、查询操作、数据统计、高级查询、内置函数、数据修改、表的操作、列的属性等；第2部分是高级
技术，主要介绍 MySQL 的高级技术，包括多表查询、视图、索引、存储程序；第3部分提供了经典案例，
供读者体会技术的应用；最后本书还提供了常用的参考资料。

为了让读者更好地掌握知识，本书结合实际工作以及面试需求，精心挑选了大量高质量的练习题。
此外，本书还赠送配套的课件 PPT 以及各种资源供各大中专院校老师教学以及学生自学使用。

◆ 著　　　　莫振杰

　责任编辑　赵　轩

　责任印制　彭志环

◆ 人民邮电出版社出版发行　　北京市丰台区成寿寺路11号

　邮编　100164　电子邮件　315@ptpress.com.cn

　网址　https://www.ptpress.com.cn

　北京七彩京通数码快印有限公司印刷

◆ 开本：800×1000　1/16

　印张：25　　　　　　　　　2023年1月第1版

　字数：585千字　　　　　　2024年12月北京第7次印刷

定价：99.80元

读者服务热线：(010)84084456-6009　印装质量热线：(010)81055316

反盗版热线：(010)81055315

广告经营许可证：京东市监广登字 20170147 号

前言

一本好书就如一盏指路明灯，不仅可以让小伙伴们学得更轻松，还可以让小伙伴们少走很多弯路。如果你需要的并不是大而全的图书，而是恰到好处的图书，那么不妨看看"从 0 到 1"这个系列的图书。

"第一眼看到的美，只是全部创造的八分之一。"实际上，这个系列的图书是我多年从事开发的经验总结，除了介绍技术，还注入了自己非常多的思考。虽然我是一名技术工程师，但我对文字非常敏感。对技术写作来说，我喜欢用最简单的语言把最丰富的知识呈现出来。

在接触任何一门技术时，我都会记录初学时遇到的各种问题，以及自己的各种思考。所以我还算比较了解初学者的心态，也知道怎样才能让大家快速而无阻碍地学习。对于这个系列的图书，我更多是站在初学者的角度，而不是已学会的人的角度来编写的。

"从 0 到 1"系列还包含前端开发、Python 开发等方面的图书，感兴趣的小伙伴们可以到我的个人网站（绿叶学习网）具体了解。

最后想要跟大家说的是，或许这个系列并非十全十美，但我相信，独树一帜的讲解方式能够让小伙伴们走得更快、更远。

本书对象

▶ 零基础的读者。
▶ 想要系统学习数据库的工程师。
▶ 大中专院校相关专业的老师和学生。

配套资源

绿叶学习网是我开发的一个开源技术网站，也是"从 0 到 1"系列图书的配套网站。本书的所有配套资源（包括源码、习题答案、PPT 等）都可以在该网站上找到。

此外，小伙伴们如果有任何技术问题，或者想要获取更多学习资源，抑或希望和更多技术人员进行交流，可以加入官方 QQ 群：280972684、387641216。

特别感谢

在写作本书的过程中，我得到了很多人的帮助。首先要感谢赵轩老师，他是一位非常专业而不拘一格的编辑，有他的帮忙本书才能顺利出版。

其次，感谢五叶草团队的一路陪伴，感谢韦雪芳、陈志东、莫振浩这几位小伙伴花费大量时间对本书进行细致的审阅，并且给出了诸多非常棒的建议。

最后，特别感谢我的妹妹莫秋兰，她一直在默默地支持和关心着我。有这样懂得自己的人，并且既是亲人也是朋友，这是非常幸运的事情。

特别说明

本书中数据均为虚拟数据，仅供学习操作使用，并无实际用途。

由于个人水平有限，书中难免会有错漏之处，小伙伴们如果发现问题或有任何意见，可以到绿叶学习网或发邮件（lvyestudy@qq.com）与我联系。

莫振杰

2023 年 1 月

目录

第 1 部分   基础语法

第 2 部分　高级技术

第 3 部分   实战案例

第 4 部分　附录

第 1 部分
基础语法

第1章

数据库简介

1.1　数据库是什么

数据库（DataBase，DB），简单来说就是可以将大量数据保存起来的一个数据集合。数据库在日常生活中的应用极其广泛，不过可能很多小伙伴不是非常清楚。

比如一个大学有几万名学生，学生入学时学校会对每个学生的信息进行登记，包括姓名、年龄、专业等，这些信息都会保存到一个数据库中，平时学生考试、进出校门等都需要核对信息。再比如各大银行的所有客户的信息，包括账号、密码、余额等，都是存放在数据库中的。

如果没有数据库，我们的生活会怎么样呢？没有数据库，我们就无法从银行取钱、在网上购物（见图1-1），生活的其他方方面面可能都无法正常进行了。

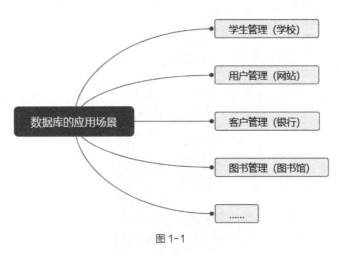

图1-1

1.1.1 DBMS 简介

DBMS（Database Management System），也就是数据库管理系统。简单来说，DBMS 是一种用来管理数据库的软件，它是根据数据库的类型进行分类的。

数据库的种类非常多，随着互联网以及大数据的发展，现在最常用的数据库可以分为两种：一种是"关系数据库"，另一种是"非关系数据库"。

因此，DBMS 也可以分为"关系 DBMS"以及"非关系 DBMS"这两种，常见的如表 1-1 和表 1-2 所示。这些 DBMS 在实际开发中很常见，所以有必要了解一下。

表 1-1　常见的关系 DBMS

DBMS	说　明
MySQL	开源
SQL Server	微软公司
Oracle	甲骨文公司
PostgreSQL	开源

表 1-2　常见的非关系 DBMS

DBMS	说　明
MongoDB	开源
Redis	开源

现在大多数公司主要使用的还是关系 DBMS，而不是非关系 DBMS。本书介绍的 MySQL 就是众多关系 DBMS 中使用最广泛的一个。特别是在 Web 应用方面，MySQL 可以说是最好用的关系 DBMS 之一。

可能会有小伙伴问："MySQL 和 SQL 之间到底有什么关系呢？"可以这样去理解：**SQL 是"一门语言"，而 MySQL 是基于这门语言的"一个软件"**。实际上，MySQL、SQL Server、Oracle、PostgreSQL 这 4 个 DBMS 都是基于 SQL 的"软件"。

由于 MySQL、SQL Server、Oracle 和 PostgreSQL 来自不同的厂商，所以它们的部分语法有一定的差别，不过大部分语法是相同的。总之，小伙伴们记住这么一句话就可以了：**最常用的关系 DBMS 有 4 个——MySQL、SQL Server、Oracle 和 PostgreSQL，它们都是使用 SQL 来进行操作的**。

1.1.2 MySQL 简介

MySQL（见图 1-2）是一款开源的数据库软件，也是目前使用最广泛的 DBMS 之一。很多编程语言的相关项目都会把 MySQL 作为主要的数据库，包括 PHP、Python、Go 等。

图 1-2

> ### 常见问题
>
> **对于 MySQL 的学习，除了本书之外，还有什么推荐的吗？**
>
> 在学习任何一门编程语言的过程中，我们都要养成查阅官方文档的习惯，因为官方文档是重要的参考资料。

1.2　安装 MySQL

在 Windows 系统中下载和安装 MySQL 只需要简单的 3 步就可以完成。但是小伙伴们在安装时不要只求速度快，一定要严格把每一步都落实，因为安装 MySQL 时很容易出问题，重装也非常麻烦。

① **下载 MySQL**：打开 MySQL 官网的下载页面，选择【MySQL Installer for Windows】，如图 1-3 所示。

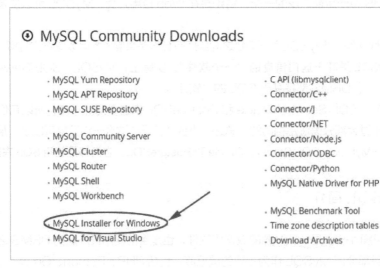

图 1-3

在图 1-4 所示的下载页面中单击需要的版本对应的【Download】按钮。

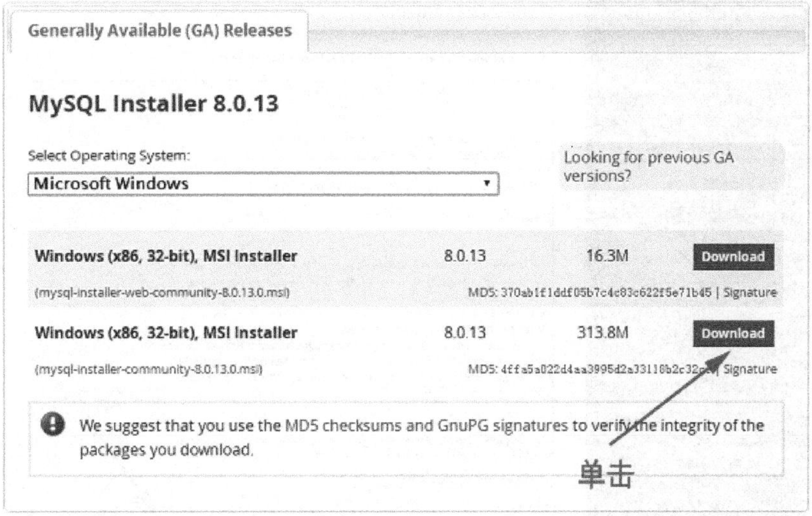

图 1-4

在弹出的图 1-5 所示的登录页面中单击最下方的【No thanks, just start my download.】链接，下载 MySQL。

图 1-5

② **安装 MySQL**：下载完成后，双击打开安装包，界面如图 1-6 所示；勾选【I accept the license terms】复选框，然后单击【Next】按钮。

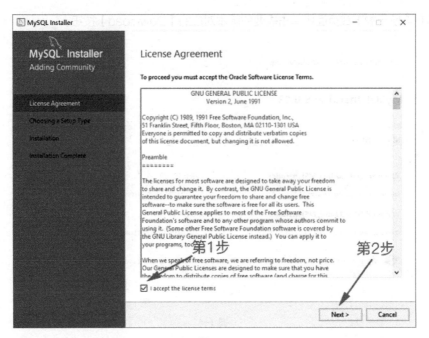

图 1-6

在图 1-7 所示的界面中选择【Server only】，然后再单击【Next】按钮。

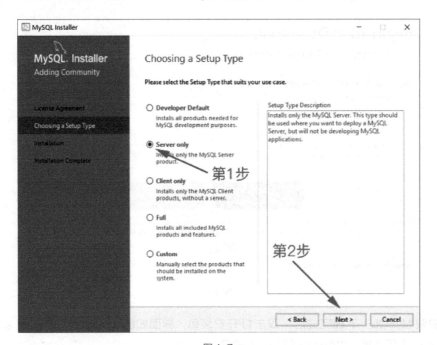

图 1-7

接下来一直单击【Next】按钮即可，直到出现图 1-8 所示的界面。这个界面用于设置 root 用户的密码，长度最短为 4 位，这里我填写的是"123456"。在第二栏中还可以添加普通用户，一般情况下是不需要再添加其他用户的，直接使用 root 用户就可以了。填写密码之后，单击【Next】按钮。

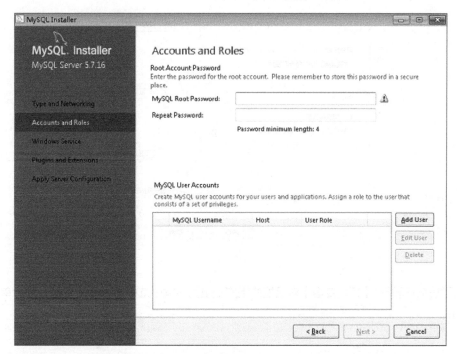

图 1-8

随后一直单击【Next】按钮，直到 MySQL 安装成功。

③ **配置环境变量**：MySQL 安装完成后，还需要设置环境变量，这样做是为了可以在任意目录下使用 MySQL 命令。

在【计算机】图标上单击鼠标右键并选择【属性】，打开控制面板，单击【高级系统设置】链接，此时会打开图 1-9 所示的【系统属性】对话框，单击【环境变量】按钮。

图 1-9

在图 1-10 所示的【环境变量】对话框的用户变量列表框中选中【Path】变量，然后单击【编辑】按钮。

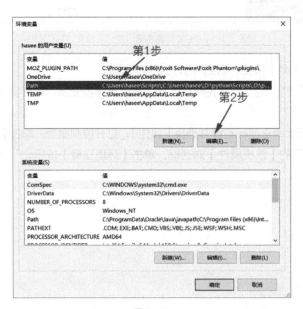

图 1-10

    MySQL 的默认安装路径是"C:\Program Files\MySQL\MySQL Server 8.0\bin"（有可能不一样，小伙伴们自行确认一下）。在【编辑环境变量】对话框中（见图 1-11）单击【新建】按钮，将 MySQL 安装路径写入变量。

图 1-11

    接下来一直单击【确定】按钮，把刚刚打开的对话框都关闭。

    最后还要说明一点，如果需要重装 MySQL，必须先把它卸载干净，否则无法成功重装。至于如何卸载干净，小伙伴们可以自行搜索相关方法。

1.3　安装 Navicat for MySQL

    MySQL 本身并不提供可视化管理工具。对初学者来说，如果想要更轻松地入门 MySQL，我强烈推荐使用 Navicat for MySQL（见图 1-12）来辅助学习。

图 1-12

Navicat for MySQL 主要为用户提供图形化的操作界面，使得用户可以更加方便、直观地使用 MySQL。如果不借助 Navicat for MySQL，就得使用命令行的方式（见图 1-13），而命令行这种方式有时是非常麻烦的。

图 1-13

在 Navicat for MySQL 官方网站下载可视化工具，下载完成后安装即可。

常见问题

除了 Navicat for MySQL 之外，还有其他的可视化工具吗？

如果想要使用 MySQL 进行开发，除了 Navicat for MySQL 之外，还可以使用 Workbench、phpMyAdmin、MySQL Browser 等。本书使用 Navicat for MySQL。

1.4　使用 Navicat for MySQL

1.4.1　连接 MySQL

① **连接 MySQL**：打开 Navicat for MySQL 后，单击【连接】按钮，在弹出的下拉菜单中选择【MySQL】命令，如图 1-14 所示。

图 1-14

② **设置连接信息**：在弹出的对话框中设置连接名和 root 用户的密码等，如图 1-15 所示，设置完成后单击【确定】按钮。

为了方便学习，小伙伴们可以将密码设置得简单一些，比如这里将密码设置成"123456"。不过，在实际开发中，考虑到安全性问题，密码还是要尽可能设置得复杂一些。

图 1-15

③ **打开连接**：在左侧列表中选中【mysql】，单击鼠标右键并选择【打开连接】，如图 1-16 所示，即可打开连接。或者直接双击【mysql】来打开连接。

图 1-16

1.4.2　创建数据库

① **新建数据库**：在左侧列表中选中【mysql】，单击鼠标右键并选择【新建数据库】，如图 1-17 所示。

图 1-17

② **设置数据库名称**：在弹出的对话框中设置数据库的基本信息，这里只设置数据库的名字。数据库的名称自行设置即可，这里填写的是"lvye"（绿叶学习网的简称），然后单击【确定】按钮，如图 1-18 所示。

图 1-18

③ **打开数据库**：在左侧列表中选中【lvye】，然后单击鼠标右键并选择【打开数据库】，如图 1-19 所示，即可打开该数据库。或者直接双击【lvye】来打开该数据库。

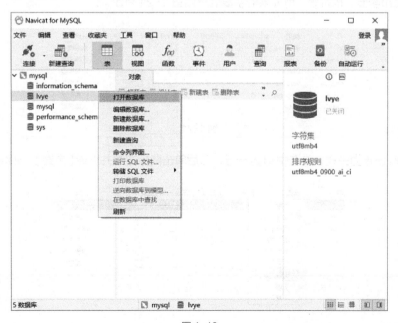

图 1-19

1.4.3　创建表

① **新建表**: 展开【lvye】，选中【表】然后，单击鼠标右键并选择【新建表】，如图 1-20 所示。

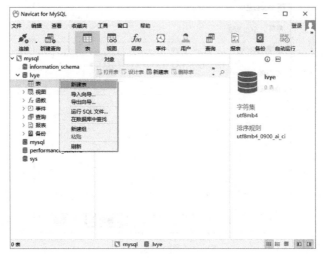

图 1-20

② **设置字段信息**: 创建一个名为"fruit"的表，该表保存的是水果的基本信息，包括编号、名称、类型、上市季节、售价等。fruit 表的字段信息如图 1-21 所示。

名	类型	长度	小数点	不是 null	虚拟	键	注释
id	int			☐	☐		水果编号
name	varchar	10		☐	☐		水果名字
type	varchar	10		☐	☐		水果类型
season	varchar	5		☐	☐		上市季节
price	decimal	5	1	☐	☐		出售价格
date	date			☐	☐		入库日期

图 1-21

需要将 id 设置为主键，先选中 id 这一行，然后单击鼠标右键并选择【主键】，如图 1-22 所示。

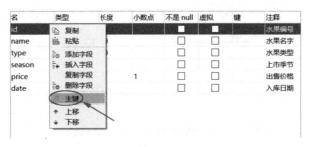

图 1-22

设置完主键之后，可以看到 id 行中【不是 null】这一项的复选框被勾选上了，并且【键】这一项有一个钥匙状的小图标，如图 1-23 所示。

名	类型	长度	小数点	不是 null	虚拟	键	注释
id	int			☑	☐	🔑1	水果编号
name	varchar	10		☐	☐		水果名字
type	varchar	10		☐	☐		水果类型
season	varchar	5		☐	☐		上市季节
price	decimal	5	1	☐	☐		出售价格
date	date			☐	☐		入库日期

图 1-23

上面提到的字段和主键将在 3.1 节详细介绍，这里小伙伴们简单了解一下即可。

③ **设置表名**：字段信息设置完成之后，按 "Ctrl+S" 组合键保存。这时会弹出一个用于设置表名的对话框，输入 "fruit"，如图 1-24 所示。

④ **打开表**：在左侧列表中单击【表】左侧的箭头 ">" 图标将其展开，然后选中【fruit】，单击鼠标右键并选择【打开表】，如图 1-25 所示。

图 1-24　　　　　　　　　　　　　　　图 1-25

⑤ **添加数据**：打开表之后，可以单击左下角的 "+" 图标添加一行数据，添加后单击 "√" 图标表示完成添加，如图 1-26 所示。

由于 fruit 表在后面会被大量用到，所以小伙伴们要认真参考图 1-26 把所有数据都录入表中。

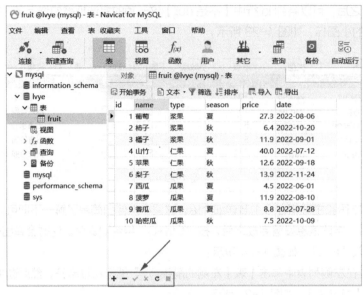

图 1-26

至此，fruit 表创建成功。后面如果想要创建新表，则执行上述步骤即可。

1.4.4 运行代码

① **新建查询**：在 Navicat for MySQL 中单击【新建查询】按钮，打开一个代码窗口，然后选择要使用的数据库，这里选择【lvye】，如图 1-27 所示。

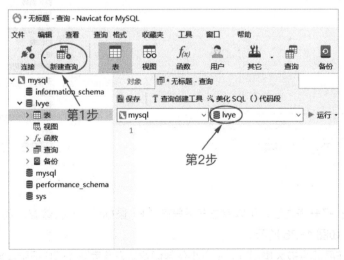

图 1-27

② **运行代码**：在打开的代码窗口中输入 SQL 代码"select * from fruit;"；然后单击【运行】按钮，如图 1-28 所示，SQL 语句就会自动执行并显示结果。

图 1-28

在使用 Navicat for MySQL 时需要特别注意以下两点。

▶ 在执行 SQL 语句之前，一定要确保选择了正确的数据库，否则可能会报错。

▶ 所有的 SQL 语句（包括查询、插入、删除等）都是在代码窗口中执行的，而不是只有查询语句才在其中执行。

1.5 教程说明

本书不仅适合零基础的初学者，还适合有一定基础并且想要系统学习 MySQL 的小伙伴。不过本书只挑选最核心的 MySQL 语法进行介绍，并不会涉及 MySQL 的方方面面。想了解更多的小伙伴可以参考 MySQL 的官方文档。

很多小伙伴在学习技术时觉得看懂了就可以了。其实，看懂了技术没太大意义，只有自己能够写出来才有意义。所以对于本书的每一个例子，小伙伴们一定要用 Navicat for MySQL 亲自操作一遍。

MySQL 是基于 SQL 的，所以学习 MySQL 更多也是学习一门语言的各种语法。这里顺便提一点：如果小伙伴们学过一门编程语言，那么这对学习其他编程语言是有非常大的帮助的。比如 SQL 中的存储过程就相当于其他语言中的"函数"，且 SQL 中同样有与其他编程语言的循环语句类似的语句。

那么对没有任何基础的小伙伴来说，学习哪一门编程语言比较好呢？我并不推荐 C++、Java 等，因为这些编程语言本身比较烦琐，也不利于初学者理解。这里推荐把 Python 作为首选的入门编程语言，因为它不仅语法简单，而且应用非常广泛。

> **常见问题**
>
> **本书每一章后面的练习，有必要做吗？**
>
> 本书所有的习题都是精心挑选的，对于掌握对应章的知识点是非常有用的。当然，如果想要进一步提升技术，仅靠几道练习题是远远不够的。小伙伴们要多到实际项目中去练习，才能做到游刃有余。

1.6　本章练习

一、单选题

1. 下列选项中，不属于 DBMS 的是 (　　)。

   A. SQL　　　　　　　　　　　　B. MySQL

   C. SQL Server　　　　　　　　　D. Oracle

2. 下列选项中，属于非关系 DBMS 的是 (　　)。

   A. MySQL　　　　　　　　　　　B. SQL Server

   C. Oracle　　　　　　　　　　　D. MongoDB

3. 下面有关数据库的说法中，正确的是 (　　)。

   A. MySQL 是非关系 DBMS

   B. MySQL 是一门语言

   C. MySQL 是使用最广泛的开源 DBMS

   D. MySQL、SQL Server 和 Oracle 的语法是完全一样的

4. 下列数据库系统中应用最广泛的是 (　　)。

   A. 分布型数据库　　　　　　　　B. 逻辑数据库

   C. 关系数据库　　　　　　　　　D. 层次数据库

二、问答题

常用的关系 DBMS 和非关系 DBMS 都有哪些？请分别列举最常见的几个。

第 2 章
SQL 语法

2.1 SQL 是什么

MySQL 是一个 DBMS，也就是一个软件。MySQL 本身是需要借助 SQL 来实现的。实际上，MySQL、SQL Server、Oracle、PostgreSQL 等 DBMS 都需要使用 SQL，只不过不同 DBMS 的语法略有不同而已。

2.1.1 SQL 简介

SQL（Structured Query Language）即结构化查询语言（见图 2-1），它是数据库的标准语言。SQL 非常简洁，它只有 6 个常用动词：insert（增）、delete（删）、select（查）、update（改）、create（创建）和 grant（授权）。

图 2-1

SQL 可以分为三大类：①数据定义语言，②数据操纵语言，③数据控制语言。

1. 数据定义语言

数据定义语言（Data Definition Language，DDL）主要用于对数据表进行创建、删除或修改等操作。其中数据定义语句有 3 种，如表 2-1 所示。

表 2-1 数据定义语句

语　句	说　明
create table	创建表
drop table	删除表
alter table	修改表

2. 数据操纵语言

数据操纵语言（Data Manipulation Language，DML）主要用于对数据进行增删查改操作。其中数据操纵语句有 4 种，如表 2-2 所示。

表 2-2 数据操纵语句

语　句	说　明
insert	增加数据
delete	删除数据
select	查询数据
update	更新数据

3. 数据控制语言

数据控制语言（Data Control Language，DCL）主要用于对数据库和表的权限进行管理。其中数据控制语句有两种，如表 2-3 所示。

表 2-3 数据控制语句

语　句	说　明
grant	赋予用户权限
revoke	取消用户权限

2.1.2 关键字

关键字指的是 SQL 本身"已经在使用"的单词或词组，因此在给数据库、表、列等命名时是不能使用这些单词或词组的（因为 SQL 自己要用）。

常见的关键字有：select、from、where、group by、order by、distinct、like、insert、delete、update、create table、alter、drop、is not、inner join、left outer join、right outer join、procedure、function 等。

对于这些关键字，小伙伴们不需要刻意去记忆。学完本书之后，自然而然就认得了。

2.1.3　语法规则

SQL 本身是一门编程语言，所以它有自己的语法规则。不过 SQL 的语法规则非常简单，我们只需要清楚以下两点即可。

1. 不区分大小写

对于表名、列名、关键字等，SQL 是不区分大小写的。比如 select 这个关键字，写成 select、SELECT 或 Select 都是可以的。下面两种写法是等价的。

```
-- 写法1：关键字小写
select * from student;
```

```
-- 写法2：关键字大写
SELECT * FROM student;
```

对于大小写，这里要重点说明的是，很多书都推荐使用写法 2，也就是关键字一律大写。其实对于使用中文环境的人来说，大写的关键字阅读起来是非常不直观的。因此，对于初学者来说，我们更推荐小写。

可能就会有小伙伴纠结了："大多数书不都是使用关键字大写这种写法吗？" 鲁迅先生说过一句话："从来如此，便对么？"在实际开发中，我们不必什么都拘泥于别人定的规则，只要团队内部做好约定，不影响实际项目的开发就可以了。

当然，上面只是本书的一个约定，并不是强制规定。在实际开发过程中，我们完全可以根据个人喜好来选择大写或小写，甚至大小写混合。

2. SQL 语句应该以分号结尾

如果执行一条 SQL 语句，则它的结尾加不加英文分号（;）都是可行的。但是如果同时执行多条 SQL 语句，则每一条语句的后面都必须加上英文分号才行。

```
-- 方式1：加分号
select * from student;
```

```
-- 方式2：不加分号
select * from student
```

中文的一句话需要用一个句号（。）来表示结束。一条 SQL 语句相当于 SQL 中的一句话，所以为了代码规范，不管是一条 SQL 语句，还是多条 SQL 语句，建议都加上英文分号。

2.1.4　命名规则

命名规则主要是针对数据库、表、列的。对于数据库、表、列的命名，需要遵循以下两条规则。

1.　不能是 SQL 关键字

前面讲过，关键字指的是 SQL 本身"已经在使用"的单词或词组，因此我们在给数据库、表、列等命名时，是不能使用这些单词或词组的（因为 SQL 自己要用）。比如 select、delete、from 等都是 SQL 中的关键字。

2.　只能使用英文字母、数字、下划线（_）

在给数据库、表、列等命名时，只能使用英文字母（大小写都可以）、数字、下划线（_）这 3 种字符，而不能使用其他符号，如中划线（-）、美元符号（$）等。

```
-- 正确命名
fruit_name

-- 错误命名
fruit-name
```

本节只是对 SQL 进行一个简单的介绍，小伙伴们暂时了解一下即可。学完本书之后，建议再回头看一遍，这样才会有更深的理解。

2.2　数据类型

如果小伙伴们接触过其他编程语言（如 C 语言、Java、Python 等），那么应该知道每一门编程语言都有它自己的数据类型。SQL 本身也是一门编程语言，所以它也有自己的数据类型。

由于本书使用的是 MySQL，所以只介绍 MySQL 中的数据类型。其他 DBMS（如 SQL Server、Oracle、PostgreSQL 等）的数据类型也是大同小异，小伙伴们可以自行了解。

MySQL 的数据类型主要有以下四大类。

- ▶ **数值**。
- ▶ **字符串**。
- ▶ **日期时间**。
- ▶ **二进制**。

2.2.1 数值

数值是由 0~9（见图 2-2）、正号（+）、负号（-）和小数点（.）组成的，如 10、-10、3.14 等。

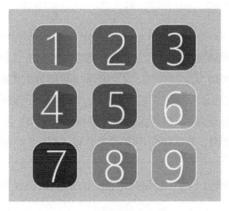

图 2-2

数值可以分为三大类：①整数，②浮点数，③定点数。MySQL 中的整数类型有 5 种，如表 2-4 所示。在实际开发中，大多数情况下使用 int 类型。

表 2-4　整数

类　型	说　明	取值范围
tinyint	很小的整数	$-2^7 \sim 2^7 - 1$（$-128 \sim 127$）
smallint	小的整数	$-2^{15} \sim 2^{15} - 1$（$-32768 \sim 32767$）
mediumint	中等的整数	$-2^{23} \sim 2^{23} - 1$
int（或 integer）	普通的整数	$-2^{31} \sim 2^{31} - 1$
bigint	大整数	$-2^{63} \sim 2^{63} - 1$

选择哪一种整数类型取决于对应列的数值范围，如果对应列的最大值不超过 127，那么选择 tinyint 类型就足够了。选择取值范围过大的类型，需要占据更大的空间。

浮点数类型有两种，如表 2-5 所示。需要注意的是，浮点数类型存在精度损失，比如 float 类型的浮点数只保留 7 位有效位，会对最后一位数进行四舍五入。

表 2-5　浮点数

类　型	说　明	有　效　位
float	单精度	7 位
double	双精度	15 位

定点数只有一种，如表 2-6 所示。和浮点数不一样，定点数不存在精度损失，所以大多数情况下建议使用定点数来表示包含小数的数值。特别是银行存款这种数值，如果用浮点数来表示就会非常麻烦。

表 2-6 定点数

类　　型	说　　明	有 效 位
decimal(m, d)	定点数	取决于 m 和 d

decimal(m, d) 的 m 表示该数值最多包含的有效数字的个数，d 表示有多少位小数。

举个简单的例子，decimal(10, 2) 中的“2”表示小数部分的位数为 2，如果插入的数值没有小数或者小数不足两位，就会自动补全到两位（补 0）。如果插入的数值的小数超过了两位，那么就会直接截断多余位（不会四舍五入），最后保留两位。decimal(10, 2) 中的“10”指的是整数部分加小数部分的总位数，也就是说，整数部分不能超过 8 位（10-2），否则就无法插入成功，并且会报错。

此外，decimal(m, d) 中的 m 和 d 都是可选的，m 的默认值是 10，d 的默认值是 0。因此可以得出下面的等式。

```
decimal = decimal(10, 0)
```

MySQL 是不存在布尔类型（Boolean）的。但是在实际开发过程中，经常需要用到“是”和“否”以及“有”和“无”这种数据，这应该怎么表示呢？我们可以使用 tinyint(1)、tinyint(0) 这种方式来表示，其中“1”表示 true，“0”表示 false。

2.2.2 字符串

字符串其实就是一串字符。在 MySQL 中，字符串都是使用英文单引号或英文双引号引起来的。MySQL 中常用的字符串类型有 7 种，如表 2-7 所示。

表 2-7 字符串类型

类　　型	说　　明	字　　节
char	定长字符串	0~255（2^8-1）
varchar	变长字符串	0~65535（$2^{16}-1$）
tinytext	短文本	0~255（2^8-1）
text	普通长度文本	0~65535（$2^{16}-1$）
mediumtext	中等长度文本	0~16777215（$2^{24}-1$）
longtext	长文本	0~4294967295（$2^{32}-1$）
enum	枚举类型	取决于成员个数（最多 64 个）

在实际开发中，最常用的是 char、varchar、text、enum 这 4 种类型，所以接下来会重点介绍它们。

1. char

在 MySQL 中，可以使用 char 类型来表示一个“固定长度”的字符串。

语法：

```
char(n)
```

说明：

n 表示指定的长度，它是一个整数，取值范围为 0~255。比如 char(5) 表示字符串长度为 5，也就是说，包含的字符个数最多为 5。如果字符串的长度不足 5，那么就在其右边填充空格。如果字符串的长度超过 5 就会报错，此时字符串将无法存入数据库。char(5) 的存储情况如表 2-8 所示。

表 2-8 char(5)

插 入 值	存 储 值	占用空间
''	' '	5 个字节
'a'	'a '	5 个字节
'ab'	'ab '	5 个字节
'abcde'	'abcde'	5 个字节
'abcdef'	无法存入	无法存入

2. varchar

在 MySQL 中，可以使用 varchar 类型来表示一个“可变长度”的字符串。

语法：

```
varchar(n)
```

说明：

n 表示指定的长度，它是一个整数，取值范围为 0~65535。和 char 不一样，varchar 的占用空间是由字符串的实际长度来决定的。varchar(5) 的存储情况如表 2-9 所示。

表 2-9 varchar(5)

插 入 值	存 储 值	占用空间
''	''	1 个字节
'a'	'a'	2 个字节
'ab'	'ab'	3 个字节

（续）

插　入　值	存　储　值	占用空间
'abcde'	'abcde'	6 个字节
'abcdef'	无法存入	无法存入

需要特别注意的是，varchar 实际占用的空间等于"字符串的实际长度"再加上 1，因为它在存储字符串时会在字符串末尾加上一个结束字符。

虽然 varchar 使用起来比较灵活，并且可以节省存储空间；但是从性能上来看，char 的处理速度更快。因此在设计数据库时，应该综合考虑多方面的因素来选取合适的数据类型存储数据。

从字面上也可以看出来，varchar 指的是"variable char"。其中，char 和 varchar 之间的区别如下。

▶ char 也叫作**"定长字符串"**，它的长度是固定的，存储相同数据时占用的空间大，但是性能稍高。

▶ varchar 也叫作**"变长字符串"**，它的长度是可变的，存储相同数据时占用的空间小，但是性能稍低。

3. text

如果要存储一个超长字符串（如文章内容），此时就更适合使用 text 这种类型了。text 其实相当于 varchar(65535)，它本质上也是一个"变长字符串"。

与 text 类型相关的类型还有 tinytext、mediumtext、longtext，如表 2-10 所示。它们都是"变长字符串"，唯一的区别在于可存储的长度不同。

表 2-10　text 的相关类型

类　　型	说　　明	字　　节
tinytext	短文本	$0 \sim 255$（$2^8 - 1$）
mediumtext	中等长度文本	$0 \sim 16777215$（$2^{24} - 1$）
longtext	长文本	$0 \sim 4294967295$（$2^{32} - 1$）

4. enum

在实际开发中，有些变量只有几种可能的取值。比如人的性别只有两种值：男和女。星期只有 7 种值：1、2、3、4、5、6、7。

在 MySQL 中，可以将某个字段定义为 enum 类型（枚举类型），然后限定该字段在某个范围内取值。

比如，某个字段使用 enum 类型定义了一个枚举列表: 'first', 'second', 'third'，那么该字段可以取的值和每个值的索引如表 2-11 所示。

表2-11 字段的值和索引

值	索 引
null	null
''	''
first	1
second	2
third	3

如果 enum 类型加上 not null 属性，则其默认值就是枚举列表的第一个元素。如果不加 not null 属性，则 enum 类型将允许插入 null，而且 null 为默认值。

2.2.3 日期时间

日期时间主要用于表示"日期（年月日）"和"时间（时分秒）"。MySQL 的日期时间类型有 5 种，如表 2-12 所示。

表2-12 日期时间类型

类 型	格 式	说 明	举 例
date	YYYY-MM-DD	日期型	2022-01-01
time	HH:MM:SS	时间型	08:05:30
datetime	YYYY-MM-DD HH:MM:SS	日期时间型	2022-01-01 08:05:30
year	YYYY	年份型	2022
timestamp	YYYYMMDD HHMMSS	时间戳型	20220101 080530

在 MySQL 中输入日期时间数据时，数据必须符合相应的格式才能正确输入。比如类型为 date，那么字段的值必须符合"YYYY-MM-DD"这种格式，而不能是其他格式。

每个类型都有特定的格式以及取值范围，当指定不合法的值时，系统就会将"0"插入数据库中。

如果使用的是 Navicat for MySQL，我们可以使用提示按钮来辅助输入，如图 2-3 所示。如果是在程序中插入数据，就需要特别注意格式了。

1. 日期型

日期型（date）的数据格式为：YYYY-MM-DD。其中，YYYY 是年份，MM 是月份，DD 表示某一天。比如 2022 年

图2-3

1 月 1 日的存储格式应为：2022-01-01。

2．时间型

时间型（time）的数据格式为：HH:MM:SS。其中，HH 表示小时，MM 表示分钟，SS 表示秒。比如 8 时 4 分 30 秒的存储格式应为：08:04:30。

3．日期时间型

日期时间型（datetime）的数据格式为：YYYY-MM-DD HH:MM:SS。其中，YYYY 是年份，MM 是月份，DD 表示某一天，HH 表示小时，MM 表示分钟，SS 表示秒。

比如 2022 年 1 月 1 日 8 时 4 分 30 秒的存储格式应为：2022-01-01 08:04:30。

4．年份型

年份型（year）的数据格式为：YYYY。YYYY 是年份。比如 2022 年的存储格式应为：2022。

5．时间戳型

时间戳型（timestamp）的数据格式为：YYYYMMDD HHMMSS。其中，YYYY 是年份，MM 是月份，DD 表示某一天，HH 表示小时，MM 表示分钟，SS 表示秒。

比如 2022 年 1 月 1 日 8 时 4 分 30 秒的存储格式应为：20220101 080430。

datetime 和 timestamp 都可以用于表示 "YYYY-MM-DD HH:MM:SS" 格式的日期时间，除了存储方式、存储大小以及表示范围有所不同之外，这两种类型没有太大的区别。一般情况下，datetime 用得较多；而对于跨时区的业务，则使用 timestamp 更为合适。

2.2.4　二进制

二进制类型适用于存储图像、有格式的文本（如 Word 文档、Excel 文档等）、程序文件等数据。MySQL 的二进制类型有 5 种，如表 2-13 所示。

表 2-13　二进制类型

类　型	说　明	字　节
bit	位	0~255（2^8-1）
tinyblob	二进制类型的短文本	0~255（2^8-1）
blob	二进制类型的普通文本	0~65535（$2^{16}-1$）
mediumblob	二进制类型的中文本	0~16777215（$2^{24}-1$）
longblob	二进制类型的长文本	0~4294967295（$2^{32}-1$）

不过在实际开发中，并不推荐在数据库中存储二进制数据，主要是因为二进制数据往往非常大，占用的存储空间过多，这对数据库的性能会有所影响。

2.3 注释

在实际开发中，有时需要为 MySQL 语句添加一些注释，以方便自己和别人理解代码。

方式 1：

```
-- 注释内容
```

方式 2：

```
# 注释内容
```

方式 3：

```
/* 注释内容 */
```

MySQL 常用的注释方式有上面 3 种。需要特别注意的是，方式 1 的"--"与"注释内容"之间必须要有一个空格。

如果注释内容只有一行，那么这 3 种方式都是可行的。方式 2 是 MySQL 独有的，SQL Server 等就没有这种方式。而大多数 DBMS（如 MySQL、SQL Server 等）都可以使用方式 1。所以为了统一，对于所有 DBMS 的单行注释内容，建议使用方式 1。

如果注释内容过多且需要多行显示，那么此时推荐使用方式 3（示例如下），大多数 DBMS（包括 MySQL、SQL Server 等）都可以使用这种方式进行多行注释。

```
/*
  注释内容
  注释内容
  注释内容
*/
```

2.4 本章练习

一、单选题

1. SQL 指的是（   ）。
    A. 结构化定义语言
    B. 结构化控制语言
    C. 结构化查询语言
    D. 结构化操纵语言
2. 每一条 SQL 语句的结束符是（   ）。
    A. 句号
    B. 逗号
    C. 分号
    D. 问号

3. 下面关于 SQL 的说法中，不正确的是（　　）。

    A. SQL 语句中的所有关键字必须大写

    B. 每一条 SQL 语句应该以英文分号结尾

    C. 数据库名、表名和列名不能是 SQL 关键字

    D. 数据库名、表名和列名只能使用英文字母、数字和下划线

4. 对某一列进行命名，下列名称中合法的是（　　）。

    A. fruit-name   B. fruit_name   C. fruit+name   D.$fruitname

5. 下列不属于数值类型的是（　　）。

    A. decimal   B. enum   C. bigint   D. float

6. 下列不属于字符串类型的是（　　）。

    A. float   B. char   C. enum   D. varchar

7. 下列不属于时间日期类型的是（　　）。

    A. date   B. year   C. decimal   D. timestamp

8. 下列选项中，可以用来注释多行内容的方式是（　　）。

    A. -- 注释内容   B. /* 注释内容 */

    C. # 注释内容   D. / 注释内容 /

9. 如果表某一列的取值是长度不固定的字符串，则最合适的类型是（　　）。

    A. char   B. varchar   C. nchar   D. int

二、简答题

请简述一下 MySQL 的数据类型都有哪些。

第3章

查询操作

3.1 select 语句简介

这一章将正式开始介绍 SQL 的各种语句。在前面的"1.4 使用 Navicat for MySQL"这一节中已经创建了一个名为"fruit"的表，该表的结构如图 3-1 所示，该表的数据如图 3-2 所示。

名	类型	长度	小数点	不是 null	虚拟	键	注释
id	int			☑	☐	🔑1	水果编号
name	varchar	10		☐	☐		水果名字
type	varchar	10		☐	☐		水果类型
season	varchar	5		☐	☐		上市季节
price	decimal	5	1	☐	☐		出售价格
date	date			☐	☐		入库日期

图 3-1

id	name	type	season	price	date
1	葡萄	浆果	夏	27.3	2022-08-06
2	柿子	浆果	秋	6.4	2022-10-20
3	橘子	浆果	秋	11.9	2022-09-01
4	山竹	仁果	夏	40.0	2022-07-12
5	苹果	仁果	秋	12.6	2022-09-18
6	梨子	仁果	秋	13.9	2022-11-24
7	西瓜	瓜果	夏	4.5	2022-06-01
8	菠萝	瓜果	夏	11.9	2022-08-10
9	香瓜	瓜果	夏	8.8	2022-07-28
10	哈密瓜	瓜果	秋	7.5	2022-10-09

图 3-2

这里补充说明一下"主键"的作用。如果将某一列设置为主键,那么这一列的值具有两个特点:
①**不允许为空(null)**,②**具有唯一性**。一般情况下,每个表都需要有一个作为主键的列,这样可以
保证每一行数据都有一个唯一标识。

举个简单的例子,如果一条记录包含了身份证号、姓名、性别、年龄等,那么怎样对两个人进
行区分呢?很明显,只有通过身份证号才可以,因为姓名、性别、年龄这些都可能是相同的。所以
主键就相当于每一行数据的"身份证号",可以对不同行数据进行区分。

此外,在实际开发中,包含小数的列建议使用 decimal 类型,而不使用 float 或 double 类型。
主要是因为 decimal 类型不存在精度损失,而 float 或 double 类型可能存在精度损失。

3.1.1 select 语句

在 MySQL 中,可以使用 select 语句来对一个表进行查询操作。其中,select 是 SQL 中的
关键字。select 语句是 SQL 所有语句中用得最多的一种语句,如果你能把 select 语句认真掌握
好,那么说明离掌握 SQL 已经不远了。

▶ 语法:

```
select 列名 from 表名;
```

▶ 说明:

select 语句由"select 子句"和"from 子句"这两个部分组成。可能小伙伴们会觉得很奇怪:
为什么这里除了有"select 语句"这种叫法之外,还有"select 子句"这样的叫法呢?

实际上,select 语句是"查询语句"的统称,它是由"子句"组合而成的。"子句"是语句的
一部分,不能单独使用。select 语句包含的子句(查询子句)主要有 7 种,如表 3-1 所示。

表 3-1 查询子句

子　　句	说　　明
select	查询哪些列
from	从哪个表查询
where	查询条件
group by	分组
having	分组条件
order by	排序
limit	限制行数

从表 3-1 可以看出，where、group by、order by 等其实都属于查询子句，它们都是配合 select 子句使用的。小伙伴们一定要深刻地理解这一点，这样在后续的学习过程中才会有一个清晰的学习思路。

▼ 举例：查询一列

```
select name from fruit;
```

运行结果如图 3-3 所示。

图 3-3

▼ 分析：

上面这条语句表示从 fruit 表中把 name 这一列的数据查询出来。其中，"select name"是 select 子句，而"from fruit"是 from 子句，整个 select 语句是由 select 子句和 from 子句组成的。

SQL 的关键字是不区分大小写的。所以对于这个例子来说，下面两种方式是等价的。不过推荐初学者使用方式 1，因为方式 1 的语句更加直观。

```
-- 方式1
select name from fruit;

-- 方式2
SELECT name FROM fruit;
```

▼ 举例：查询多列

```
select name, type, price from fruit;
```

运行结果如图 3-4 所示。

name	type	price
葡萄	浆果	27.3
柿子	浆果	6.4
橘子	浆果	11.9
山竹	仁果	40.0
苹果	仁果	12.6
梨子	仁果	13.9
西瓜	瓜果	4.5
菠萝	瓜果	11.9
香瓜	瓜果	8.8
哈密瓜	瓜果	7.5

图 3-4

◤ 分析：

如果想要查询多列数据，则只需要在 select 子句中把多个列名列举出来就可以了。其中，列名之间使用英文逗号（,）分隔。这些列名被称为“查询列表”，查询结果中的列是按照 select 子句中列名的顺序（也就是查询列表）来显示的。

这个例子就是从 fruit 表中把 name、type、price 这 3 列的数据查询（提取）出来，如图 3-5 所示。

id	name	type	season	price	date
1	葡萄	浆果	夏	27.3	2022-08-06
2	柿子	浆果	秋	6.4	2022-10-20
3	橘子	浆果	秋	11.9	2022-09-01
4	山竹	仁果	夏	40.0	2022-07-12
5	苹果	仁果	秋	12.6	2022-09-18
6	梨子	仁果	秋	13.9	2022-11-24
7	西瓜	瓜果	夏	4.5	2022-06-01
8	菠萝	瓜果	夏	11.9	2022-08-10
9	香瓜	瓜果	夏	8.8	2022-07-28
10	哈密瓜	瓜果	秋	7.5	2022-10-09

获取这3列的数据

图 3-5

如果改变列的顺序，比如改为下面这条语句，此时运行结果如图 3-6 所示。

```
select type, name, price from fruit;
```

type	name	price
浆果	葡萄	27.3
浆果	柿子	6.4
浆果	橘子	11.9
仁果	山竹	40.0
仁果	苹果	12.6
仁果	梨子	13.9
瓜果	西瓜	4.5
瓜果	菠萝	11.9
瓜果	香瓜	8.8
瓜果	哈密瓜	7.5

图 3-6

当然，同一个列名可以在查询列表中重复出现，比如下面这条 SQL 语句（运行结果如图 3-7 所示）。这种情况是可行的，只不过在实际开发中一般不这样做。

```
select name, name, price from fruit;
```

name	name(1)	price
葡萄	葡萄	27.3
柿子	柿子	6.4
橘子	橘子	11.9
山竹	山竹	40.0
苹果	苹果	12.6
梨子	梨子	13.9
西瓜	西瓜	4.5
菠萝	菠萝	11.9
香瓜	香瓜	8.8
哈密瓜	哈密瓜	7.5

图 3-7

▶ 举例：查询所有列

```
select * from fruit;
```

运行结果如图 3-8 所示。

id	name	type	season	price	date
1	葡萄	浆果	夏	27.3	2022-08-06
2	柿子	浆果	秋	6.4	2022-10-20
3	橘子	浆果	秋	11.9	2022-09-01
4	山竹	仁果	夏	40.0	2022-07-12
5	苹果	仁果	秋	12.6	2022-09-18
6	梨子	仁果	秋	13.9	2022-11-24
7	西瓜	瓜果	夏	4.5	2022-06-01
8	菠萝	瓜果	夏	11.9	2022-08-10
9	香瓜	瓜果	夏	8.8	2022-07-28
10	哈密瓜	瓜果	秋	7.5	2022-10-09

图 3-8

◤ 分析：

如果想要查询所有列的，则可以使用“*”符号来表示所有的列名。对于这个例子来说，下面两种方式是等价的。

```
-- 方式1
select * from fruit;

-- 方式2
select id, name, type, season, price, date from fruit;
```

很明显，方式 1 比方式 2 更为简单、方便，那么是不是意味着更推荐使用方式 1 呢？恰恰相反，我们更推荐使用方式 2，原因有以下两点。

- **使用“*”无法指定列的显示顺序。**

如果使用“*”来表示所有列名，就无法指定列的显示顺序了。此时运行结果中的列是按照表中的列顺序来显示的。如果想要查询所有列，并且想要指定顺序，就需要在 select 子句中把每一个列名都列举出来，比如下面这样。

```
select id, season, type, name, price, date from fruit;
```

- **使用“*”，查询的速度会变慢。**

当只是想查询**部分列**的数据时，很多小伙伴习惯使用“*”先把所有列查询出来。如果表的数据量比较大，此时就会导致查询速度变慢，并且数据是需要从服务端传输到客户端的，也会导致传输速度变慢，影响体验。

即使需要查询表的所有列，也更推荐使用方式 2。因为方式 2 的查询速度略快于方式 1 的查询速度。方式 1 其实需要先转换成方式 2 后才执行。不过本书为了讲解方便，例子中可能会使用“*”。但是在实际开发中，我们并不推荐这样去做。

3.1.2 特殊列名

如果列名中包含空格，此时应该怎么办呢？比如名称这一列的列名是"fruit name"（两个单词中间有一个空格），则小伙伴们可能会写出下面的 SQL 语句。

```
select fruit name from fruit;
```

实际上，上面这条语句是无效的。对于包含空格的列名，需要使用反引号（`）将其引起来。反引号（`）在键盘左上方数字 1 的左边，切换到英文状态下可以输入。

我们尝试在 Navicat for MySQL 中将 fruit 表中的"name"这个列名改为"fruit name"，然后执行下面的 SQL 语句，此时运行结果如图 3-9 所示。

```
select `fruit name` from fruit;
```

图 3-9

需要特别注意的是，对于特殊列名（如包含空格），只能使用反引号将其引起来，而不能使用单引号或双引号。

```
-- 正确方式
select `fruit name` from fruit;

-- 错误方式
select 'fruit name' from fruit;

-- 错误方式
select "fruit name" from fruit;
```

为了方便后面的学习，小伙伴们需要把"fruit name"改回"name"。（一定要改过来，不然会影响后面的学习。）

3.1.3 换行说明

在实际开发中，如果一条 SQL 语句过长，则可以使用换行的方式来分割它。一般情况下，我们根据这样的规则进行分割：**一个子句占据一行**。

比如 select name, type, price from fruit; 这条 SQL 语句，使用换行的方式可以将其写成下面的形式。

```
select name, type, price
from fruit;
```

需要注意的是，行与行之间不允许出现空行，否则就会报错。比如写成下面这样就是错误的。

```
select name, type, price

from fruit;
```

总而言之，如果 SQL 语句比较短，则只在一行写就可以了；如果 SQL 语句比较长，则可以使用以"子句"为单位进行换行的方式书写。

常见问题

1. "字段""记录"这些概念应该怎么理解呢？

在 SQL 中，列也叫作"字段"，一个列也叫作"一个字段"，列名也叫作"字段名"；行也叫作"记录"，一行数据也叫作"一条记录"，有多少行数据就叫作"多少条记录"，如图 3-10 所示。

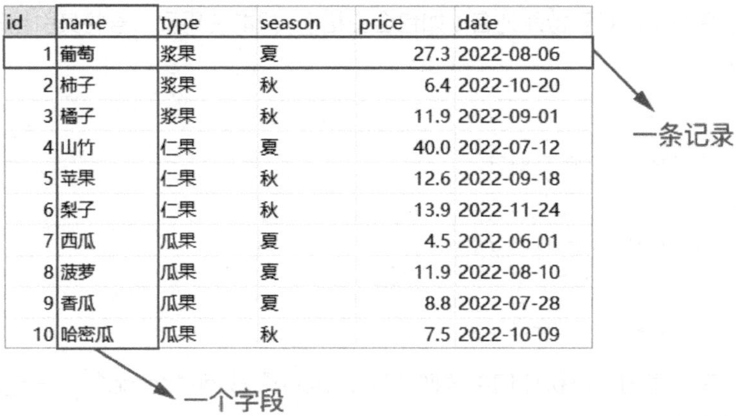

id	name	type	season	price	date
1	葡萄	浆果	夏	27.3	2022-08-06
2	柿子	浆果	秋	6.4	2022-10-20
3	橘子	浆果	秋	11.9	2022-09-01
4	山竹	仁果	夏	40.0	2022-07-12
5	苹果	仁果	秋	12.6	2022-09-18
6	梨子	仁果	秋	13.9	2022-11-24
7	西瓜	瓜果	夏	4.5	2022-06-01
8	菠萝	瓜果	夏	11.9	2022-08-10
9	香瓜	瓜果	夏	8.8	2022-07-28
10	哈密瓜	瓜果	秋	7.5	2022-10-09

一条记录

一个字段

图 3-10

"字段"和"记录"这两个概念非常重要，小伙伴们一定要搞清楚它们的含义。

2．表的名称为什么使用单数而不是复数呢？

在实际开发中，我们都应该遵守这样一个规则：**表名应该使用单数，而不使用复数**。比如水果信息表应该命名为"fruit"，而不应该命名为"fruits"；学生信息表应该命名为"student"，而不应该命名为"students"。

可能小伙伴们会觉得很奇怪，水果信息表一般包含多种水果，应该命名成"fruits"才对啊！实际上，这样理解是不正确的。

如果大家接触过其他编程语言（如 C++、Java、Python 等），则肯定了解过类的定义。实际上，一个表就相当于一个类，而一个列就相当于类的一个属性。对于一个类来说，它是一个抽象的概念，在定义时肯定用的是单数，而不是复数。

这样对比理解，其实就很容易明白为什么表名应该使用单数，因为表名就相当一个类名，列名就相当于一个属性名。

3.2 使用别名：as

3.2.1 as 关键字

在使用 SQL 语句查询数据时，可以使用 as 关键字给一个列名起一个别名。起别名的作用是：增强代码和查询结果的可读性。

▼ **语法：**

```
select 列名 as 别名
from 表名；
```

▼ **说明：**

在实际开发中，一般建议在以下几种情况中使用别名。对于内置函数和多表查询，后续内容会详细介绍。

- ▶ **列名比较长或可读性差。**
- ▶ **使用内置函数。**
- ▶ **用于多表查询。**
- ▶ **需要把两个或更多的列放在一起。**

▼ 举例：英文别名

```
select name as fruit_name
from fruit;
```

运行结果如图 3-11 所示。

fruit_name
葡萄
柿子
橘子
山竹
苹果
梨子
西瓜
菠萝
香瓜
哈密瓜

图 3-11

▼ 分析：

使用 as 关键字来指定别名之后，查询结果中的列名就从"name"变成了"fruit_name"。需要清楚的是，as 关键字是可以省略的。下面两种方式是等价的。

```
-- 方式1
select name as fruit_name
from fruit;
```

```
-- 方式2
select name fruit_name
from fruit;
```

不过，在实际开发中更推荐把 as 关键字加上，这样可以使代码的可读性更高。

▼ 举例：中文别名

```
select name as 名称
from fruit;
```

运行结果如图 3-12 所示。

名称
葡萄
柿子
橘子
山竹
苹果
梨子
西瓜
菠萝
香瓜
哈密瓜

图 3-12

▶ 分析：

除了可以指定英文别名之外，还可以指定中文别名。需要注意的是，别名只在当前的查询结果中显示，真实表中的列名并不会改变。在 Navicat for MySQL 中打开 fruit 表，会发现列名并未改变，如图 3-13 所示。

id	name	type	season	price	date
1	葡萄	浆果	夏	27.3	2022-08-06
2	柿子	浆果	秋	6.4	2022-10-20
3	橘子	浆果	秋	11.9	2022-09-01
4	山竹	仁果	夏	40.0	2022-07-12
5	苹果	仁果	秋	12.6	2022-09-18
6	梨子	仁果	秋	13.9	2022-11-24
7	西瓜	瓜果	夏	4.5	2022-06-01
8	菠萝	瓜果	夏	11.9	2022-08-10
9	香瓜	瓜果	夏	8.8	2022-07-28
10	哈密瓜	瓜果	秋	7.5	2022-10-09

图 3-13

▶ 举例：为多个列指定别名

```
select name as 名称, type as 类型, price as 售价
from fruit;
```

运行结果如图 3-14 所示。

名称	类型	售价
葡萄	浆果	27.3
柿子	浆果	6.4
橘子	浆果	11.9
山竹	仁果	40.0
苹果	仁果	12.6
梨子	仁果	13.9
西瓜	瓜果	4.5
菠萝	瓜果	11.9
香瓜	瓜果	8.8
哈密瓜	瓜果	7.5

图 3-14

▶ **分析：**

如果需要指定别名的列比较多，则可以分行来写。这个例子可以写成下面的形式。

```
select name as 名称,
       type as 类型,
       price as 售价
from fruit;
```

3.2.2   特殊别名

在使用 as 关键字起别名时，如果别名中包含了保留字或者特殊字符，如空格、加号（＋）、减号（－）等，那么该别名必须用英文引号引起来。

▶ **举例：包含空格**

```
select name as "水果 名称"
from fruit;
```

运行结果如图 3-15 所示。

水果 名称
葡萄
柿子
橘子
山竹
苹果
梨子
西瓜
菠萝
香瓜
哈密瓜

图 3-15

▶ **分析:**

在这个例子中，由于别名包含了空格，所以必须使用英文引号将其引起来，否则就会有问题。下面这种写法是错误的。

```
-- 错误写法
select name as 水果 名称
from fruit;
```

需要注意的是，这里的引号可以是单引号或双引号，但是不能是反引号。不过，由于列名的别名本身还是充当列的名称，所以应该使用英文双引号，而不应该使用英文单引号。虽然英文单引号也可行，但是并不建议这样去做，因为英文单引号一般用于字符串的表示。

```
-- 正确(不推荐)
select name as '水果 名称'
from fruit;
```

```
-- 正确(推荐)
select name as "水果 名称"
from fruit;
```

```
-- 错误
select name as `水果 名称`
from fruit;
```

▶ **举例: 包含 "-"**

```
select name as "fruit-name"
from fruit;
```

运行结果如图 3-16 所示。

图 3-16

▼ 分析：

在实际开发中，使用 as 关键字来指定别名非常有用。比如，当对多个列进行计算时，计算之后会产生一个新列，此时可以使用 as 关键字来为这个新列指定一个别名。如果不指定别名，那么默认列名就是 SQL 自动生成的名称，这样一来阅读体验并不会很好。

不同表中可能存在相同的列名（如 id、name 等），当我们同时对多个表进行查询操作时，查询结果中可能会出现相同的列名，这种情况很容易给人造成困扰。此时使用 as 关键字来指定别名就非常有用了。

最后我们来总结一下，对于一个列来说，列名和别名都可能包含特殊符号（如空格），但是它们的处理方式是不一样的。

▶ **如果列名包含特殊符号，则应该使用反引号（`）将列名引起来。**

▶ **如果别名包含特殊符号，则应该使用英文双引号将别名引起来（不推荐使用英文单引号）。**

常见问题

1. **中文别名是否有必要用引号引起来呢？**

在 MySQL 中，如果想要起一个中文别名，我们是没有必要使用引号将其引起来的。当然，使用引号将其引起来也没有问题。

2. **使用 as 关键字是不是只能给列起一个别名？能否给表也起一个别名呢？**

很多小伙伴可能只知道 as 关键字可以给列起别名，实际上它还可以给表起别名。只不过对于单表查询，我们一般不需要这样去做。

在进行多表查询时，如果表名比较复杂，此时给表起一个别名就非常有用了，这样可以让代码更加直观。多表查询的具体内容会在后面"第 10 章 多表查询"中详细介绍。

3.3 条件子句：where

在 MySQL 中，可以使用 where 子句来指定查询的条件。where 子句是配合 select 子句来使用的。

▼ 语法：

```
select 列名
from 表名
where 条件;
```

说明：

where 子句一般需要结合运算符来使用，主要包括以下 3 类运算符。

- **比较运算符。**
- **逻辑运算符。**
- **其他运算符。**

3.3.1 比较运算符

在 where 子句中，可以使用比较运算符来指定查询的条件。常用的比较运算符如表 3-2 所示。

表 3-2 比较运算符

运　算　符	说　明
>	大于
<	小于
=	等于
>=	大于或等于
<=	小于或等于
!>	不大于（相当于 <=）
!<	不小于（相当于 >=）
!= 或 <>	不等于
<=>	安全等于

对于 MySQL 中的运算符，我们需要清楚以下 3 点。

- **对于“等于”，MySQL 使用的是“=”而不是“==”，这一点和其他编程语言不同。**
- **对于“不等于”，MySQL 有两种表示方式：“!=”和“<>”。**
- **只有 MySQL 中才有“<=>”运算符，SQL Server、Oracle、PostgreSQL 等是没有的。**

举例：等于（数值）

```
select name, price
from fruit
where price = 27.3;
```

运行结果如图 3-17 所示。

name	price
葡萄	27.3

图 3-17

▌ **分析：**

这个例子获取 price 等于 27.3 的所有记录。"="不仅可以用于对数值进行判断，也可以用于对字符串进行判断，请看下面的例子。

▌ **举例：等于（字符串）**

```
select name, price
from fruit
where name = '柿子';
```

运行结果如图 3-18 所示。

name	price
柿子	6.4

图 3-18

▌ **分析：**

需要注意的是，name 列的数据的类型是字符串，所以 ' 柿子 ' 两边的英文引号是不能去掉的。

```
-- 正确方式
select name, price
from fruit
where name = '柿子';

-- 错误方式
select name, price
from fruit
where name = 柿子;
```

▌ **举例：大于**

```
select name, price
from fruit
where price > 10;
```

运行结果如图 3-19 所示。

name	price
葡萄	27.3
橘子	11.9
山竹	40.0
苹果	12.6
梨子	13.9
菠萝	11.9

图 3-19

▶ **分析：**

price>10 表示查询 price 大于 10 的所有记录。把 price>10 改为 price<=10 之后，运行结果如图 3-20 所示。

name	price
柿子	6.4
西瓜	4.5
香瓜	8.8
哈密瓜	7.5

图 3-20

▶ **举例：日期时间**

```
select name, date
from fruit
where date <= '2022-09-01';
```

运行结果如图 3-21 所示。

name	date
葡萄	2022-08-06
橘子	2022-09-01
山竹	2022-07-12
西瓜	2022-06-01
菠萝	2022-08-10
香瓜	2022-07-28

图 3-21

▶ **分析：**

比较运算符同样可以用于日期时间类型的数据，date<='2022-09-01' 表示查询 date 小于或等于 '2022-09-01' 的所有记录。

当比较运算符用于日期时间类型的数据时，我们应该知道以下 3 点。

▶ 小于某个日期时间，指的是在该日期时间之前。

▶ 大于某个日期时间，指的是在该日期时间之后。

▶ 等于某个日期时间，指的是处于该日期时间。

3.3.2 逻辑运算符

在 where 子句中，如果需要同时指定多个查询条件，就需要使用逻辑运算符。MySQL 的逻辑运算符有两种写法：一种是"关键字"，如表 3-3 所示；另一种是"符号"，如表 3-4 所示。

表 3-3　关键字

运　算　符	说　　明
and	与
or	或
not	非

表 3-4　符号

运　算　符	说　　明
&&	与
||	或
!	非

在实际开发中，一般情况下都使用"关键字"这种写法。当然，使用"符号"这种写法也是没有问题的。

"与运算"使用 and 关键字来表示。例如执行 where A and B 语句，要求 A 和 B 这两个条件同时为真（true），where 子句才会返回真（true）。

"或运算"我们使用 or 关键字来表示。例如执行 where A or B 语句，只要 A 和 B 这两个条件有一个为真（true），where 子句就会返回真（true）。

"非运算"使用 not 关键字来表示。例如执行 where not price<10 语句，则相当于执行 where price>=10 语句。

除了与、或、非这 3 种运算符之外，MySQL 还提供了一种"异或运算符"，即"xor"。异或运算符在实际开发中用得比较少，这里简单了解一下即可。

▼ 举例：与运算

```
select name, price
from fruit
where price > 10 and price < 20;
```

运行结果如图 3-22 所示。

name	price
橘子	11.9
苹果	12.6
梨子	13.9
菠萝	11.9

图 3-22

◤ 分析：

上面的 SQL 语句表示查询 price 大于 10 且小于 20 的所有记录。也就是说，需要同时满足 price>10 和 price<20 这两个条件，该条记录（某行数据）才会被查询出来。

如果想要指定更多的条件，则使用更多的 and 即可。比如执行下面这段代码，运行结果如图 3-23 所示。

```
select name, price
from fruit
where price > 10 and price < 20 and season = '夏';
```

name	price
菠萝	11.9

图 3-23

◤ 举例：或运算

```
select name, price
from fruit
where price < 10 or price > 20;
```

运行结果如图 3-24 所示。

name	price
葡萄	27.3
柿子	6.4
山竹	40.0
西瓜	4.5
香瓜	8.8
哈密瓜	7.5

图 3-24

◤ 分析：

上面的 SQL 代码表示查询 price 小于 10 或者大于 20 的所有记录。也就是说，只要满足 price<10 和 price>20 这两个条件的任意一个，该条记录就会被查询出来。

◤ 举例：非运算

```
select name, price
from fruit
where not price > 10;
```

运行结果如图 3-25 所示。

name	price
柿子	6.4
西瓜	4.5
香瓜	8.8
哈密瓜	7.5

图 3-25

▶ 分析:

上面的 SQL 代码表示查询 price 不大于 10 的所有记录,等价于下面这段代码。

```
select name, price
from fruit
where price <= 10;
```

not 运算符用于否定某一个条件,但很多时候不使用 not 运算符的查询条件可读性更好,比如 where price<=10 就比 where not price>10 更加容易理解。即便如此,我们也不能完全否定 not 运算符的作用。实际上,在编写复杂 SQL 语句时,not 运算符还是非常有用的。

3.3.3 其他运算符

除了比较运算符和逻辑运算符之外,MySQL 的其他运算符如表 3-5 所示。这些运算符也是非常重要的,小伙伴们也要认真掌握。

表 3-5   其他运算符

运 算 符	说 明
is null 或 isnull	是否为 null 值
is not null	是否不为 null 值
in	是否为列表中的值
not in	是否不为列表中的值
between A and B	是否处于 A 和 B 之间
not between A and B	是否不处于 A 和 B 之间

1. is null 和 is not null

当某一个字段(某一列)没有数据(为空)时,该字段的值就是 null。需要特别注意的是,null 代表该字段没有值,而不是代表该字段的值为 0 或 "(空字符串)。

接下来创建一个名为 "fruit_miss" 的表,专门用来测试 is null 和 is not null 这两种运算符。fruit_miss 表的结构如表 3-6 所示,其数据如表 3-7 所示。

表 3-6　fruit_miss 表的结构

列　名	类　型	长　度	小　数　点	允许 null	是否主键	注　释
id	int			×	√	水果编号
name	varchar	10		√	×	水果名称
type	varchar	10		√	×	水果类型
season	varchar	5		√	×	上市季节
price	decimal	5	1	√	×	出售价格
date	date			√	×	入库日期

表 3-7　fruit_miss 表的数据

id	name	type	season	price	date
1	葡萄	浆果	夏	27.3	2022-08-06
2	柿子	浆果	秋	null	2022-10-20
3	橘子	null	秋	11.9	2022-09-01
4	山竹	null	夏	40.0	2022-07-12
5	苹果	仁果	秋	null	2022-09-18
6	梨子	仁果	秋	13.9	2022-11-24
7	西瓜	null	夏	4.5	2022-06-01
8	菠萝	瓜果	夏	null	2022-08-10
9	香瓜	瓜果	夏	8.8	2022-07-28
10	哈密瓜	瓜果	秋	7.5	2022-10-09

▶ 举例：is null

```
select *
from fruit_miss
where price is null;
```

运行结果如图 3-26 所示。

id	name	type	season	price	date
2	柿子	浆果	秋	(Null)	2022-10-20
5	苹果	仁果	秋	(Null)	2022-09-18
8	菠萝	瓜果	夏	(Null)	2022-08-10

图 3-26

▶ 分析：

如果想要判断某一列的值是否为 null，则不允许使用 "=" 或 "!=" 这样的比较运算符，而必须使用 is null 或 is not null 运算符。

```
-- 正确
select *
from fruit_miss
where price is null;
```

```
-- 错误
select *
from fruit_miss
where price = null;
```

将这个例子中的 is null 改为 is not null，此时运行结果如图 3-27 所示。is null 和 is not null 这两种操作的结果是相反的。

id	name	type	season	price	date
1	葡萄	浆果	夏	27.3	2022-08-06
3	橘子	(Null)	秋	11.9	2022-09-01
4	山竹	(Null)	夏	40.0	2022-07-12
6	梨子	仁果	秋	13.9	2022-11-24
7	西瓜	(Null)	夏	4.5	2022-06-01
9	香瓜	瓜果	夏	8.8	2022-07-28
10	哈密瓜	瓜果	秋	7.5	2022-10-09

图 3-27

2. in 和 not in

在 MySQL 中，可以使用 in 运算符来判断列表中是否"存在"某个值，也可以使用 not in 运算符来判断列表中是否"不存在"某个值。in 和 not in 这两个操作的结果是相反的。

▶ **语法**：

```
where 列名 in (值1, 值2, ..., 值n)
```

▶ **说明**：

对于值列表，我们需要使用"()"将其括起来，并且值与值之间使用","来分隔。

▶ **举例**：

```
select name, price
from fruit
where name in ('葡萄', '柿子', '橘子');
```

运行结果如图 3-28 所示。

name	price
葡萄	27.3
柿子	6.4
橘子	11.9

图 3-28

▶ **分析：**

where name in (' 葡萄 ', ' 柿子 ', ' 橘子 ') 表示判断 name 的值是否为"葡萄""柿子""橘子"这 3 个中的任意一个。

上面的 SQL 代码等价于下面这段代码。很明显，使用 in 运算符这种方式更为简单。

```
select name, price
from fruit
where name = '葡萄' or name = '柿子' or name = '橘子';
```

将这个例子中的 in 改为 not in，此时运行结果如图 3-29 所示。

name	price
山竹	40.0
苹果	12.6
梨子	13.9
西瓜	4.5
菠萝	11.9
香瓜	8.8
哈密瓜	7.5

图 3-29

在实际开发中，如果想要查询某些值之外的值，则 not in 运算符就非常有用了。小伙伴们一定要学会灵活应用运算符。

3. between...and... 和 not between...and...

在 MySQL 中，如果想要判断某一列的值是否在某个范围之内，则可以使用 between...and... 运算符来实现。

▶ **语法：**

```
where 列名 between 值1 and 值2
```

▶ **说明：**

between A and B 的取值范围为 [A, B]，包含 A 也包含 B。

▶ 举例：

```sql
select name, price
from fruit
where price between 10 and 20;
```

运行结果如图 3-30 所示。

name	price
橘子	11.9
苹果	12.6
梨子	13.9
菠萝	11.9

图 3-30

▶ 分析：

上面的 SQL 代码用于查询 price 处于 10 和 20 之间（包含 10 和 20）的所有记录。对于这个例子来说，下面两种方式是等价的。

```sql
-- 方式1
select name, price
from fruit
where price between 10 and 20;

-- 方式2
select name, price
from fruit
where price >= 10 and price <= 20;
```

方式 1 比方式 2 更加直观明了。在实际开发中，也更推荐使用方式 1。

将这个例子中的 between...and... 改为 not between...and...，此时运行结果如图 3-31 所示。

name	price
葡萄	27.3
柿子	6.4
山竹	40.0
西瓜	4.5
香瓜	8.8
哈密瓜	7.5

图 3-31

▚ 举例：用于日期时间

```
select name, date
from fruit
where date between '2022-09-01' and '2022-12-01';
```

运行结果如图 3-32 所示。

name	date
柿子	2022-10-20
橘子	2022-09-01
苹果	2022-09-18
梨子	2022-11-24
哈密瓜	2022-10-09

图 3-32

▚ 分析：

between...and... 也可以用于判断日期时间类型的数据。where date between '2022-09-01' and '2022-12-01' 表示判断 date 是否处于"2022-09-01"和"2022-12-01"之间。

3.3.4 运算符优先级

优先级也就是执行顺序的意思。例如，数学中的加减乘除运算就有一定的优先级，即有"()"就得先算"()"，然后算"乘除"，最后才算"加减"。

在 MySQL 中，逻辑运算符也是有优先级的，规则很简单：**优先级高的先运算，优先级低的后运算；优先级相同的，从左到右进行运算**。对于运算符优先级，我们需要清楚以下两个规则。

▶ 在算术运算中，"乘除"的优先级比"加减"的优先级要高。
▶ 在逻辑运算中，优先级由高到低为非（not）、与（and）、或（or）。

▚ 举例：

```
select name, season, price
from fruit
where season = '夏' and price < 10 or price > 20;
```

运行结果如图 3-33 所示。

name	season	price
葡萄	夏	27.3
山竹	夏	40.0
西瓜	夏	4.5
香瓜	夏	8.8

图 3-33

▶ 分析：

由于与运算符（and）的优先级比或运算符（or）的优先级高，所以上面的 SQL 代码等价于下面的代码。

```
select name, season, price
from fruit
where (season = '夏' and price < 10) or price > 20;
```

虽然不加"()"也没有关系，但是在实际开发中还是建议加上一些必要的"()"，这样可以让代码的可读性更高。

常见问题

1. MySQL 中的字符串是应该使用英文单引号还是英文双引号呢？

在 MySQL 中，字符串既可以使用英文单引号来表示，也可以使用英文双引号来表示。但是在实际开发中，更推荐使用英文单引号来表示。为什么要推荐使用英文单引号呢？

这是因为其他 DBMS（如 SQL Server）只能使用英文单引号来表示一个字符串，如果使用英文双引号来表示，就会报错。所以为了统一规范，建议在所有的 DBMS 中都使用英文单引号来表示一个字符串。

2. 对于 select 语句来说，from 子句是必要的吗？

从前文可知，select 语句一般由"select 子句"和"from 子句"组成。但实际上，select 语句中的 from 子句并非是必要的，完全可以单独使用 select 子句。

如果只使用 select 子句而不使用 from 子句，那么它代表的就不是从一个表中查询数据了，而是进行计算。计算的结果也会用一个表来展示，其中的列名就是该 select 子句的表达式。比如执行下面这条语句，此时运行结果如图 3-34 所示。

```
select 1000 + 2000;
```

1000+2000
3000

图 3-34

当然，也可以使用 as 关键字来改变默认的列名。比如执行下面这条语句，此时运行结果如图 3-35 所示。

```
select 1000 + 2000 as '计算结果';
```

计算结果
3000

图 3-35

只需要知道 from 子句并非是必要的就可以了，毕竟在实际开发中很少会单独使用一个 select 子句。

3. 在 MySQL 中，等于（=）和安全等于（<=>）有什么区别呢?

对于 a=b 来说，如果 a 与 b 相等（不考虑 null 值），则会返回真。对于 a<=>b 来说，如果 a 与 b 相等或者两者都为 null，则会返回真。

▌举例：等于

```
select 666 = 666, null = null;
```

运行结果如图 3-36 所示。

图 3-36

▌举例：安全等于

```
select 666 <=> 666, null <=> null;
```

运行结果如图 3-37 所示。

图 3-37

▌分析:

简单来说，"="只能用于判断非 null 值，而"<=>"不仅可以用于判断非 null 值，还可以用于判断 null 值。

▌举例:

```
select *
from fruit_miss
where price <=> null;
```

运行结果如图 3-38 所示。

id	name	type	season	price	date
2	柿子	浆果	秋	(Null)	2022-10-20
5	苹果	仁果	秋	(Null)	2022-09-18
8	菠萝	瓜果	夏	(Null)	2022-08-10

图 3-38

▶ **分析**：

如果把这里的"<=>"换成"="，就会报错。前面已经介绍过，如果想要判断某一列的值是否为 null，是不允许使用"="或"!="这样的比较运算符的。上面的 SQL 代码可以等价于下面这段代码。

```
select *
from fruit_miss
where price is null;
```

3.4 排序子句：order by

3.4.1 order by 子句

在 MySQL 中，可以使用 order by 子句来对某一列进行排序。order by 子句是作为 select 语句的一部分来使用的。

▶ **语法**：

```
select 列名
from 表名
order by 列名 asc或desc;
```

▶ **分析**：

asc 表示升序排列，也就是从小到大排列；desc 表示降序排列，也就是从大到小排列。其中，asc 是"ascend"（上升）的缩写，而 desc 是"descend"（下降）的缩写。

▶ **举例：升序排列**

```
select name, price
from fruit
order by price asc;
```

运行结果如图 3-39 所示。

name	price
西瓜	4.5
柿子	6.4
哈密瓜	7.5
香瓜	8.8
橘子	11.9
菠萝	11.9
苹果	12.6
梨子	13.9
葡萄	27.3
山竹	40.0

图 3-39

▶ 分析：

如果是升序排列，那么 asc 关键字是可以省略的。对于这个例子来说，下面两种方式是等价的。

```
-- 不省略asc
select name, price
from fruit
order by price asc;

-- 省略asc
select name, price
from fruit
order by price;
```

▶ 举例：降序排列

```
select name, price
from fruit
order by price desc;
```

运行结果如图 3-40 所示。

name	price
山竹	40.0
葡萄	27.3
梨子	13.9
苹果	12.6
橘子	11.9
菠萝	11.9
香瓜	8.8
哈密瓜	7.5
柿子	6.4
西瓜	4.5

图 3-40

▌ **分析：**

升序排列时，asc 关键字可以省略，但是降序排列时的 desc 关键字是不允许省略的。

▌ **举例：对多列排序**

```
select name, price, date
from fruit
order by price desc, date desc;
```

运行结果如图 3-41 所示。

name	price	date
山竹	40.0	2022-07-12
葡萄	27.3	2022-08-06
梨子	13.9	2022-11-24
苹果	12.6	2022-09-18
橘子	11.9	2022-09-01
菠萝	11.9	2022-08-10
香瓜	8.8	2022-07-28
哈密瓜	7.5	2022-10-09
柿子	6.4	2022-10-20
西瓜	4.5	2022-06-01

图 3-41

▌ **分析：**

上面的 SQL 代码表示同时对 price 和 date 这两列进行降序排列。这里的多列排序语句在执行时会先对 price 这一列进行排序，排好之后如果 price 相同，则再对 date 列进行排序。

由于 asc 和 desc 这两个关键字是以列为单位进行指定，所以可以同时指定一个列为降序，而另一个列为升序，比如下面这段代码。

```
select name, price, date
from fruit
order by price asc, date desc;
```

▌ **举例：使用别名**

```
select name as 名称, price as 售价
from fruit
order by 售价 desc;
```

运行结果如图 3-42 所示。

名称	售价
山竹	40.0
葡萄	27.3
梨子	13.9
苹果	12.6
橘子	11.9
菠萝	11.9
香瓜	8.8
哈密瓜	7.5
柿子	6.4
西瓜	4.5

图 3-42

▌ 分析：

如果在 select 子句中给列名起了一个别名，那么在 order by 子句中可以使用这个别名来代替原来的列名。当然，在 order by 子句中，不管是使用原列名还是别名，得到的结果是一样的。

对于这个例子来说，下面两种方式的查询结果是一样的。

```
-- 使用原列名
select name as 名称，price as 售价
from fruit
order by price desc;
```

```
-- 使用别名
select name as 名称，price as 售价
from fruit
order by 售价 desc;
```

▌ 举例：对日期时间排序

```
select name, date
from fruit
order by date desc;
```

运行结果如图 3-43 所示。

name	date
梨子	2022-11-24
柿子	2022-10-20
哈密瓜	2022-10-09
苹果	2022-09-18
橘子	2022-09-01
菠萝	2022-08-10
葡萄	2022-08-06
香瓜	2022-07-28
山竹	2022-07-12
西瓜	2022-06-01

图 3-43

▶ **分析：**

使用 order by 子句也可以对日期时间类型的数据进行排序。

▶ **举例：结合 where 子句**

```
select name, price
from fruit
where price < 10
order by price desc;
```

运行结果如图 3-44 所示。

name	price
香瓜	8.8
哈密瓜	7.5
柿子	6.4
西瓜	4.5

图 3-44

▶ **分析：**

order by 子句可以结合 where 子句来使用，且 order by 子句必须放在 where 子句的后面。因为要先执行 where 子句来筛选数据，然后再执行 order by 子句来排序。

3.4.2 中文排序

在默认情况下，MySQL 使用的是 utf-8 字符集，此时对中文字符串进行排序，并不会按照中文拼音的顺序来进行。如果想要按照中文拼音顺序来进行排序，则需要借助 convert() 函数来实现。

▶ **语法：**

```
order by convert(列名 using gbk);
```

▶ **说明：**

convert(列名 using gbk) 表示强制该列使用 gbk 字符集。

▶ **举例：默认情况**

```
select name, price
from fruit
order by name;
```

运行结果如图 3-45 所示。

name	price
哈密瓜	7.5
山竹	40.0
柿子	6.4
梨子	13.9
橘子	11.9
苹果	12.6
菠萝	11.9
葡萄	27.3
西瓜	4.5
香瓜	8.8

图 3-45

▶ 分析：

从结果可以看出，name 这一列并没有按照中文拼音顺序进行排序。

▶ 举例：使用 convert()

```
select name, price
from fruit
order by convert(name using gbk);
```

运行结果如图 3-46 所示。

name	price
菠萝	11.9
哈密瓜	7.5
橘子	11.9
梨子	13.9
苹果	12.6
葡萄	27.3
山竹	40.0
柿子	6.4
西瓜	4.5
香瓜	8.8

图 3-46

▶ 分析：

使用 convert() 函数之后，name 这一列就按照中文拼音顺序进行排序了。如果想要进行降序排列，则可以在后面加上一个 desc 关键字。

3.4.3 特别注意

如果使用中文别名，对于 select 子句来说，中文别名两侧的引号可加可不加。但是对于 order

by 子句来说，中文别名两侧是一定不能加上引号的。如果加上引号，排序就无法成功。

▋ **举例：**

```
select name as "名称", price as "售价"
from fruit
order by "售价" desc;
```

运行结果如图 3-47 所示。

名称	售价
葡萄	27.3
柿子	6.4
橘子	11.9
山竹	40.0
苹果	12.6
梨子	13.9
西瓜	4.5
菠萝	11.9
香瓜	8.8
哈密瓜	7.5

图 3-47

▋ **分析：**

从运行结果可以看出，"售价"这一列并没有按照预期那样进行降序排列。所以 order by 子句的中文别名一定不能加上引号。如果加上引号，MySQL 就无法正确识别别名。

如果把这个例子中的"售价"两侧的引号删除，也就是执行下面的代码，就可以正确排序，运行结果如图 3-48 所示。

```
select name as "名称", price as "售价"
from fruit
order by 售价 desc;
```

名称	售价
山竹	40.0
葡萄	27.3
梨子	13.9
苹果	12.6
橘子	11.9
菠萝	11.9
香瓜	8.8
哈密瓜	7.5
柿子	6.4
西瓜	4.5

图 3-48

在实际开发中，如果使用中文别名，那么不管是在 select 子句中，还是在 order by 子句中，建议统一不加引号，这样可以避免出错。

常见问题

1. MySQL 能不能对字符串列进行排序，还是说只能对数值列进行排序？

数值是可以比较大小的，所以可以对数值列进行排序。实际上，字符串也是可以比较大小的，所以 MySQL 同样也能对字符串列进行排序。

比较两个字符串的大小，其实就是依次比较每个字符的 ASCII。先比较两个字符串的第 1 个字符的 ASCII，第 1 个字符的 ASCII 大的，就代表整个字符串大，后面就不用再比较了。如果两个字符串的第 1 个字符的 ASCII 相同，就接着比较第 2 个字符的 ASCII，第 2 个字符的 ASCII 大的，就代表整个字符串大，以此类推。

两个字符之间比较的是 ASCII 的大小。对于 ASCII，小伙伴们可以自行搜索进行了解，这里就不展开介绍了。注意，空格在字符串中也是被当成一个字符来处理的。

2. 使用 order by 子句排序时，MySQL 是如何处理 null 值的呢？

如果存在 null 值，则升序排列时会将有 null 值的行显示在最前面，降序排列时会将有 null 值的行显示在最后面。小伙伴们可以这样理解：null 值是该列的最小值。

3.5 限制行数：limit

3.5.1 limit 子句

在默认情况下，select 语句会把符合条件的"所有行数据（所有记录）"都查询出来。如果查询到的记录有 100 条，而我们只需要获取前 10 条，此时应该怎么办呢？

在 MySQL 中，我们可以使用 limit 关键字来获取前 n 条记录。

▼ **语法：**

```
select 列名
from 表名
limit n;
```

▶ **说明:**

如果 select 语句有 where 子句或 order by 子句,则 limit 子句需要放在最后。

▶ **举例:获取前 n 条记录**

```
select name, price
from fruit
limit 5;
```

运行结果如图 3-49 所示。

name	price
葡萄	27.3
柿子	6.4
橘子	11.9
山竹	40.0
苹果	12.6

图 3-49

▶ **分析:**

limit 5 表示只会获取查询结果的前 5 条记录。对于这个例子来说,如果把 limit 5 去掉,就没有了行数限制,此时运行结果如图 3-50 所示。

name	price
葡萄	27.3
柿子	6.4
橘子	11.9
山竹	40.0
苹果	12.6
梨子	13.9
西瓜	4.5
菠萝	11.9
香瓜	8.8
哈密瓜	7.5

图 3-50

▶ **举例:结合 where 子句**

```
select name, price
from fruit
where price > 10
limit 5;
```

运行结果如图 3-51 所示。

name	price
葡萄	27.3
橘子	11.9
山竹	40.0
苹果	12.6
梨子	13.9

图 3-51

▶ **分析：**

where price>10 表示获取 price 大于 10 的所有记录。对于这个例子来说，如果把 limit 5 去掉，就没有了行数限制，此时运行结果如图 3-52 所示。

name	price
葡萄	27.3
橘子	11.9
山竹	40.0
苹果	12.6
梨子	13.9
菠萝	11.9

图 3-52

▶ **举例：结合 order by 子句**

```
select name, price
from fruit
order by price desc
limit 5;
```

运行结果如图 3-53 所示。

name	price
山竹	40.0
葡萄	27.3
梨子	13.9
苹果	12.6
橘子	11.9

图 3-53

▶ 分析：

这个例子其实是先使用 order by 子句来对 price 列进行降序排列，然后再使用 limit 5 来获取前 5 条记录，此时得到的就是售价最高的前 5 条记录了。

如果想要获取售价最低的前 5 条记录，则只需要先对 price 列进行升序排列，然后再使用 limit 5 即可。实现代码如下，其运行结果如图 3-54 所示。

```
select name, price
from fruit
order by price asc
limit 5;
```

name	price
西瓜	4.5
柿子	6.4
哈密瓜	7.5
香瓜	8.8
菠萝	11.9

图 3-54

3.5.2 深入了解

想要获取售价最高的前 5 条记录，使用 limit 关键字就可以轻松实现。但是如果要获取售价最高的第 2~5 条记录，又应该怎么实现呢？这种情况也是使用 limit 关键字来实现的。

▶ 语法：

```
limit start, n
```

▶ 说明：

start 表示开始位置，默认值是 0。n 表示获取 n 条记录。

▶ 举例：获取第 2~5 条记录

```
select name, price
from fruit
order by price desc
limit 1, 4;
```

运行结果如图 3-55 所示。

name	price
葡萄	27.3
梨子	13.9
苹果	12.6
橘子	11.9

图 3-55

▶ **分析:**

order by price desc 表示对 price 列进行降序排列。limit 1, 4 表示从查询结果中的第 1 条记录开始(不包括第 1 条记录),共截取 4 条记录,如图 3-56 所示。

name	price
山竹	40.0
葡萄	27.3
梨子	13.9
苹果	12.6
橘子	11.9
菠萝	11.9
香瓜	8.8
哈密瓜	7.5
柿子	6.4
西瓜	4.5

图 3-56

实际上当 limit 关键字后面只有一个参数时,比如 limit 5,它其实等价于 limit 0, 5。也就是说,limit 关键字后面的第 1 个参数是可选的,而第 2 个参数是必选的。

在实际开发中,使用 limit 关键字并结合 order by 子句来获取前 n 条记录这种方式非常有用,比如获取热度最高的前 10 条新闻、获取浏览量最高的前 10 篇文章等。所以对于这种方式,我们应该重点掌握。

不过我们也应该清楚,limit 关键字并不一定要结合 order by 子句来使用,这里小伙伴们不要误解了。

3.6 去重处理: distinct

在 MySQL 中,可以使用 distinct 关键字来实现数据的去重。所谓的数据去重,指的是去除多个重复行,只保留其中一行。

▌ **语法**：

```
select distinct 字段列表
from 表名;
```

▌ **说明**：

distinct 关键字用于 select 子句中，它总是紧跟在 select 关键字之后，并且位于第一个列名之前。此外，distinct 关键字作用于整个字段列表的所有列，而不是单独的某一列。

▌ **举例：用于一列**

```
select distinct type
from fruit;
```

运行结果如图 3-57 所示。

图 3-57

▌ **分析**：

如果想要知道 type 列都有哪几种取值，我们可以在 type 这个列名前面加上 distinct 关键字。对于这个例子来说，如果把 distinct 这个关键字去除，则运行结果如图 3-58 所示。

图 3-58

▌ **举例**：

```
select distinct season
from fruit;
```

运行结果如图 3-59 所示。

图 3-59

▶ 分析：

distinct season 表示对 season 列进行去重处理。如果把 distinct 关键字去掉，则运行结果如图 3-60 所示。

图 3-60

▶ 举例：null 值

```
select distinct type
from fruit_miss;
```

运行结果如图 3-61 所示。

图 3-61

▶ 分析：

需要清楚的是，null 值被视为一类数据。如果列中存在多个 null 值，则只会保留一个 null 值。对于这个例子来说，如果把 distinct 这个关键字去除，则运行结果如图 3-62 所示。

图 3-62

▶ 举例：用于多列

```
select distinct type, season
from fruit;
```

运行结果如图 3-63 所示。

type	season
浆果	夏
浆果	秋
仁果	夏
仁果	秋
瓜果	夏
瓜果	秋

图 3-63

▶ 分析：

对于这个例子来说，如果没有使用 distinct 关键字，则运行结果如图 3-64 所示。

type	season
浆果	夏
浆果	秋
浆果	秋
仁果	夏
仁果	秋
仁果	秋
瓜果	夏
瓜果	夏
瓜果	夏
瓜果	秋

图 3-64

使用 distinct 关键字之后，查询结果中重复的多条记录就只会留下其中一条。比如这里本来有两条"浆果、秋"记录，最后只会保留一条。

需要注意的是，distinct 关键字只能位于字段列表第一个列名之前，然后它会对整个字段列表的所有列进行去重处理。下面两种方式都是错误的。

```
-- 错误方式1
select type, distinct season
from fruit;
```

```
-- 错误方式2
select distinct type, distinct season
from fruit;
```

3.7 本章练习

一、单选题

1. 如果把一个表看成一个类，那么（　　）就相当于表的属性。

    A. 行　　　　　　　B. 记录　　　　　　C. 列　　　　　　　D. 数值

2. 在 MySQL 中，通常使用（　　）来表示一个字段没有值或缺值。

    A. null　　　　　　B. EMPTY　　　　　C. 0　　　　　　　D. " "

3. 在 MySQL 中，执行 select 语句的结果是（　　）。

    A. 数据库　　　　　B. 基本表　　　　　C. 临时表　　　　　D. 数据项

4. 在 MySQL 中，可以使用（　　）关键字来过滤查询结果中的重复记录。

    A. distinct　　　　B. limit　　　　　　C. like　　　　　　D. in

5. where age between 20 and 30 表示年龄在 20 和 30 之间，且（　　）。

    A. 包含 20 和 30　　　　　　　　　　B. 不包含 20 和 30

    C. 包含 20 但不包含 30　　　　　　　D. 不包含 20 但包含 30

6. limit 5, 10 表示获取（　　）。

    A. 第 5~10 条记录　　B. 第 5~15 条记录　　C. 第 6~11 条记录　　D. 第 6~15 条记录

7. 在查询水果售价 price 时，要让查询结果按售价降序排列，正确的方式是（　　）。

    A. order by price　　　　　　　　　　B. order by price asc

    C. order by price desc　　　　　　　D. order by price limit

8. 下面有关别名的说法中，正确的是（　　）。

    A. 别名会替换真实表中的列名

    B. 如果别名中包含特殊字符，则必须使用引号将别名引起来

C. as 关键字只能用于 select 子句

D. 只能使用英文别名，不能使用中文别名

9. 下面关于 limit 关键字的说法中，不正确的是（　　　）。

A. limit 子句通常需要放在 select 语句的最后面

B. limit 关键字可以限制从数据库中返回的记录数

C. limit 2,4 表示获取查询结果的第 3~6 条记录

D. limit 5 表示获取查询结果的前 5 条记录

10. 如果想要查询 name 列中不是 null 的所有记录，where 子句应该写成（　　　）。

A. where name != null

B. where name not null

C. where name is not null

D. where name ! null

11. 如果想要把 fruit 表中的 fruit-name 列查询出来，则正确的 SQL 语句是（　　　）。

A. select fruit-name from fruit;

B. select \`fruit-name\` from fruit;

C. select 'fruit-name' from fruit;

D. select "fruit-name" from fruit;

12. 如果想要给 fruit 表的 name 列起一个别名"水果 – 名称"，则正确的 SQL 语句是（　　　）。

A. select name as \` 水果 – 名称 \` from fruit;

B. select name as " 水果 – 名称 " from fruit;

C. select name as [水果 – 名称] from fruit;

D. select name as 水果 – 名称 from fruit;

13. 有关下面这段 SQL 代码的说法正确的是（　　　）。

```
select distinct type, season
from fruit;
```

A. distinct 只会作用于 type 这一列

B. distinct 只会作用于 season 这一列

C. distinct 会同时作用于 type 和 season 这两列

D. 语法有误，运行报错

二、简答题

请简述一下你对 null 值的理解。

三、编程题

下面有一个 student 表（见表 3-8），请写出相关操作对应的 SQL 语句。

表 3-8 student 表

id	name	sex	grade	birthday	major
1	张欣欣	女	86	2000-03-02	计算机科学
2	刘伟达	男	92	2001-06-13	网络工程
3	杨璐璐	女	72	2000-05-01	软件工程
4	王明刚	男	80	2002-10-17	电子商务
5	张伟	男	65	2001-11-09	人工智能

（1）查询成绩在 80 和 100 之间的学生的基本信息。

（2）查询所有学生的基本信息，并按照成绩从高到低进行排序。

（3）查询成绩前 3 名的学生的基本信息。

（4）查询所有学生的 name、grade、major 这 3 列的信息。

（5）查询所有学生的 name、grade 这两列的信息，并且给 name 列起一个别名"姓名"，给 grade 列起一个别名"成绩"。

第4章

数据统计

4.1 算术运算

对于 select 语句来说，我们可以在 select 子句中使用算术运算。MySQL 的常用算术运算符有 7 个，如表 4-1 所示。

表 4-1 算术运算符

运 算 符	说 明	用 法
+	加	a + b
–	减	a - b
*	乘	a * b
/	除	a / b
%	取余	a % b
div	取整，即取商的整数部分	a div b
–	取负数	-a

需要注意的是，"/"和"div"都是除法运算符，但它们之间是有区别的：**"/"会保留商的小数部分，而"div"不会保留商的小数部分**。比如 4/3 的结果是 1.333，而 4 div 3 的结果是 1。

▼ 举例：

```
select name, price + 10
from fruit;
```

运行结果如图 4-1 所示。

name	price + 10
葡萄	37.3
柿子	16.4
橘子	21.9
山竹	50.0
苹果	22.6
梨子	23.9
西瓜	14.5
菠萝	21.9
香瓜	18.8
哈密瓜	17.5

图 4-1

分析：

price+10 表示将 price 这一列的所有数据都加上 10。细心的小伙伴会发现，查询结果中的列名并不是“price”，而是“price+10”。

如果要使用“price”作为列名，则可以使用 as 关键字来指定。修改后的代码如下，此时运行结果如图 4-2 所示。

```
select name,
       price + 10 as price
from fruit;
```

name	price
葡萄	37.3
柿子	16.4
橘子	21.9
山竹	50.0
苹果	22.6
梨子	23.9
西瓜	14.5
菠萝	21.9
香瓜	18.8
哈密瓜	17.5

图 4-2

当然，也可以指定为中文别名。修改后的代码如下，此时运行结果如图 4-3 所示。

```
select name as 名称,
       price + 10 as 售价
from fruit;
```

名称	售价
葡萄	37.3
柿子	16.4
橘子	21.9
山竹	50.0
苹果	22.6
梨子	23.9
西瓜	14.5
菠萝	21.9
香瓜	18.8
哈密瓜	17.5

图 4-3

在 select 子句中，也可以对多个列进行算术运算（相加、相减等）。此外，小伙伴们可以自行尝试其他运算符。

4.2　聚合函数

在实际开发中，有时需要对某一列的数据进行求和、求平均值等操作，此时就要用到聚合函数。MySQL 的常用聚合函数有 5 个，如表 4-2 所示。

表 4-2　聚合函数

函　　数	说　　明
sum()	求和
avg()	求平均值
max()	求最大值
min()	求最小值
count()	获取行数

聚合函数，也叫作"统计函数"。所谓的聚合函数，指的是对一列值进行计算，然后最终会返回单个值。所以聚合函数还可以叫作"组函数"。这几个术语非常重要，我们在很多地方都会见到，小伙伴们一定要搞清楚它们的含义。

对于聚合函数，你只需要记住最重要的一句话就可以了：**聚合函数一般用于 select 子句，而不能用于 where 子句。**

4.2.1　求和：sum()

在 MySQL 中，可以使用 sum() 函数来对某一列的数据求和。

▶ **语法：**

```
select sum(列名)
from 表名;
```

▶ **说明：**

sum() 函数只能用于对数值列的数据求和，并且计算时会忽略 null 值。

▶ **举例：**

```
select sum(price)
from fruit;
```

运行结果如图 4-4 所示。

sum(price)
144.8

图 4-4

▶ **分析：**

sum(price) 表示对 price 这一列的数据求和。细心的小伙伴可能看出来了，如果在 select 子句中使用了算术运算符或聚合函数，那么查询结果的列名就是该表达式。所以一般情况下需要使用 as 关键字来指定列名，修改后的 SQL 代码如下，此时运行结果如图 4-5 所示。

```
select sum(price) as 总价
from fruit;
```

总价
144.8

图 4-5

4.2.2 求平均值：avg()

在 MySQL 中，可以使用 avg() 函数来求某一列的数据的平均值。avg 是 "average"（平均值）的缩写。

▶ **语法：**

```
select avg(列名)
from 表名;
```

说明：

avg() 函数只能用于求数值列的平均值，并且计算时会忽略 null 值。

举例：操作一列

```
select avg(price) as 平均售价
from fruit;
```

运行结果如图 4-6 所示。

平均售价
14.48000

图 4-6

分析：

avg(price) 表示求 price 这一列数据的平均值。这个例子的代码等价于下面的代码。

```
select sum(price) / 10 as 平均售价
from fruit;
```

4.2.3 求最值：max() 和 min()

在 MySQL 中，可以使用 max() 函数求某一列的数据的最大值，也可以使用 min() 函数来对某一列进行求最小值。

语法：

```
select max(列名)
from 表名;
```

说明：

max() 函数和 min() 函数都只能用于求数值列的最值，并且会忽略 null 值。

举例：max()

```
select max(price) as 最高售价
from fruit;
```

运行结果如图 4-7 所示。

最高售价
40.0

图 4-7

▶ 举例：min()

```
select min(price) as 最低售价
from fruit;
```

运行结果如图 4-8 所示。

最低售价
4.5

图 4-8

▶ 举例：不同函数

```
select max(price) as 最高售价,
       min(price) as 最低售价,
       avg(price) as 平均售价
from fruit;
```

运行结果如图 4-9 所示。

最高售价	最低售价	平均售价
40.0	4.5	14.48000

图 4-9

▶ 分析：

在 select 子句中，可以同时使用多个不同的聚合函数。

4.2.4 获取行数：count()

在 MySQL 中，可以使用 count() 函数来获取某一列中有效值的个数。有效值指的是非 null 值。

▶ 语法：

```
select count(列名)
from 表名;
```

▶ 说明：

count() 函数有以下两种使用方式。

▶ **count(列名)**：计算指定列的总行数，会忽略值为 null 的行。

▶ **count(*)**：计算表的行数，不会忽略值为 null 的行，count(*) 表示包含所有的列。

▼ 举例：count(price)

```
select count(price) as 行数
from fruit_miss;
```

运行结果如图 4-10 所示。

图 4-10

▼ 分析：

对于 product_miss 表中 price 这一列来说，它的有效值是 7 个，如图 4-11 所示。

id	name	type	season	price	date
1	葡萄	浆果	夏	27.3	2022-08-06
2	柿子	浆果	秋	(Null)	2022-10-20
3	橘子	(Null)	秋	11.9	2022-09-01
4	山竹	(Null)	夏	40.0	2022-07-12
5	苹果	仁果	秋	(Null)	2022-09-18
6	梨子	仁果	秋	13.9	2022-11-24
7	西瓜	(Null)	夏	4.5	2022-06-01
8	菠萝	瓜果	夏	(Null)	2022-08-10
9	香瓜	瓜果	夏	8.8	2022-07-28
10	哈密瓜	瓜果	秋	7.5	2022-10-09

图 4-11

▼ 举例：count(*)

```
select count(*) as 行数
from fruit_miss;
```

运行结果如图 4-12 所示。

图 4-12

▼ 分析：

使用 count(列名) 这种方式只会统计对应列值不为 null 的行数，如果想要统计一个表有多少行（有多少条记录），则应该使用 count(*) 来实现。

4.2.5 深入了解

在 MySQL 中，所有聚合函数都可以使用一个"类型"前缀。

▼ 语法：

函数名 (类型 列名)

▼ 说明：

"类型"的取值有两种：all 和 distinct，默认值是 all。如果是 all，则计算所有值的和；如果是 distinct，则计算非重复值的和。

▼ 举例：all

```
select sum(all price)
from fruit;
```

运行结果如图 4-13 所示。

sum(all price)
144.8

图 4-13

▼ 分析：

sum(all price) 表示对 price 这一列的数据求和（包括重复值），如图 4-14 所示。

price
27.3
6.4
11.9
40.0
12.6
13.9
4.5
11.9
8.8
7.5

图 4-14

▼ 举例：distinct

```
select sum(distinct price)
from fruit;
```

运行结果如图 4-15 所示。

sum(distinct price)
132.9

图 4-15

▼ 分析：

sum(distinct price) 表示对 price 这一列的数据求和（不包括重复值）。如果有重复值，则只会使用第一个参与计算。比如 price 列中有两个 11.9，如图 4-16 所示，那么只会统计一次 11.9。

price
27.3
6.4
11.9
40.0
12.6
13.9
4.5
11.9
8.8
7.5

图 4-16

4.2.6　特别注意

最后我们来总结一下，对于聚合函数来说，需要特别注意以下两点。

▶ 聚合函数一般用于 select 子句，而不能用于 where 子句。
▶ sum()、avg()、max()、min() 这 4 个聚合函数只适用于数值类型的列。如果指定列的数据不是数值类型，就可能会报错。

▼ 举例：不能用于 where 子句

```
select *
from fruit
where price > avg(price);
```

运行结果如图 4-17 所示。

```
1111 - Invalid use of group function
时间: 0.001s
```

图 4-17

▼ **分析:**

这个例子其实是想找出 price 大于其平均值的所有记录。这里尝试在 where 子句中使用 avg(price) 来获取 price 这一列的平均值。但是从运行结果可以看出，这段代码报错了。

因为聚合函数一般用于 select 子句，而不能用于 where 子句。如果想要实现上面的功能，则需要通过另一种方式来实现——子查询。子查询将在"5.3 子查询"这一节中详细介绍，这里小伙伴们简单了解即可。

```
-- 子查询
select *
from fruit
where price > (
    select avg(price) from fruit
);
```

有关聚合函数的使用情形，最准确的说法是：**聚合函数只能用于 select、order by、having 这 3 种子句，而不能用于 where、group by 等其他子句。**

▼ **举例：不能用于统计非数值列**

```
select sum(name)
from fruit;
```

运行结果如图 4-18 所示。

sum(name)
0

图 4-18

▼ **分析:**

name 列的数据类型是 varchar，而不是数值类型，所以结果显示为 0。小伙伴们可以自行尝试 avg()、max()、min() 这几个函数，结果也是一样的。

4.3　分组子句：group by

分组统计，指的是根据"某些条件"来将数据拆分为若干组。例如有一个学生信息表，我们可以根据类型、性别、家乡等对学生进行分组，然后统计每个组有多少人、男女各为多少人等。

4.3.1　group by 子句

在 MySQL 中，可以使用 group by 子句来对一列或多列进行分组。如果小伙伴们了解 Excel，就很容易理解 group by 子句，因为 group by 子句其实就相当于 Excel 中的分类统计。

▶ 语法：

```
select 列名
from 表名
group by 列名；
```

▶ 说明：

group by 子句中使用的列名一般要出现在 select 子句中，注意是"一般"，而不是"一定"。

▶ 举例：对一列进行分组

```
select type as 类型,
       count(*) as 行数
from fruit
group by type；
```

运行结果如图 4-19 所示。

类型	行数
浆果	3
仁果	3
瓜果	4

图 4-19

▶ 分析：

group by type 表示对 type 这一列进行分组。由于 type 列的取值有 3 种——浆果、仁果、瓜果，所以分为 3 组。

在 MySQL 中，group by 子句还可以使用在 select 子句中定义的别名。这个例子的代码可以等价于下面的代码。

```
select type as 类型,
       count(*) as 行数
from fruit
group by 类型;
```

总而言之，**使用 as 关键字定义别名之后，任何子句都可以使用这个别名**。不过这种方式只适用于 MySQL，并不适用于 SQL Server 等。

▼ 举例：对多列进行分组

```
select type as 类型,
       season as 季节,
       count(*) as 行数
from fruit
group by type, season;
```

运行结果如图 4-20 所示。

类型	季节	行数
浆果	夏	1
浆果	秋	2
仁果	夏	1
仁果	秋	2
瓜果	夏	3
瓜果	秋	1

图 4-20

▼ 分析：

使用 group by 子句可以同时对多个列进行分组，列名之间使用英文逗号（,）分隔。group by type, season 表示同时对 type 和 season 这两列进行分组。

type 列有 3 种取值：浆果、仁果、瓜果。season 列有两种取值：夏、秋。这样下来就分成了 3×2=6 组。

```
-- 第1组: 浆果+夏
(1, '葡萄', '浆果', '夏', 27.3, '2022-08-06')

-- 第2组: 浆果+秋
(2, '柿子', '浆果', '秋', 6.4, '2022-10-20')
(3, '橘子', '浆果', '秋', 11.9, '2022-09-01')

-- 第3组: 仁果+夏
(4, '山竹', '仁果', '夏', 40.0, '2022-07-12')
```

```
-- 第4组：仁果+秋
(5, '苹果', '仁果', '秋', 12.6, '2022-09-18')
(6, '梨子', '仁果', '秋', 13.9, '2022-11-24')

-- 第5组：瓜果+夏
(7, '西瓜', '瓜果', '夏', 4.5, '2022-06-01')
(8, '菠萝', '瓜果', '夏', 11.9, '2022-08-10')
(9, '香瓜', '瓜果', '夏', 8.8, '2022-07-28')

-- 第6组：瓜果+秋
(10, '哈密瓜', '瓜果', '秋', 7.5, '2022-10-09')
```

▼ 举例：使用 where 子句

```
select season as 季节,
       count(*) as 行数
from fruit
where price < 10
group by season;
```

运行结果如图 4-21 所示。

季节	行数
秋	2
夏	2

图 4-21

▼ 分析：

group by 子句的书写顺序是有严格要求的：group by 子句一定要写在 where 子句以及 from 子句的后面。如果没有按照下面的顺序书写，那么在执行 SQL 代码时会报错。

```
select子句 → from子句 → where子句 → group by子句
```

对于这个例子来说，如果将代码写成下面这样，则会报错。小伙伴们可以自行测试一下。

```
select season as 季节,
       count(*) as 行数
from fruit
group by season;
where price < 10;
```

▼ 举例：包含 null 值

```
select type as 类型,
       count(*) as 行数
from fruit_miss
group by type;
```

运行结果如图 4-22 所示。

类型	行数
浆果	2
(Null)	3
仁果	2
瓜果	3

图 4-22

▶ **分析：**

使用 group by 子句对列进行分组时，如果列存在 null 值，那么也会将 null 值作为一个分组来处理。在这个例子中，type 这一列其实有 4 个取值：浆果、仁果、瓜果、null。所以这里分成了 4 组。

在实际开发中，group by 子句经常是和聚合函数，一起使用的。**我们一说起 group by 子句，就应该把它和聚合函数联系起来。**这是 group by 子句非常重要的一个特点，小伙伴们一定要记住。

▶ **举例：聚合函数**

```
select type as 类型,
       max(price) as 最高售价,
       min(price) as 最低售价,
       avg(price) as 平均售价
from fruit
group by type;
```

运行结果如图 4-23 所示。

类型	最高售价	最低售价	平均售价
浆果	27.3	6.4	15.20000
仁果	40.0	12.6	22.16667
瓜果	11.9	4.5	8.17500

图 4-23

4.3.2 group_concat() 函数

在 MySQL 中，可以使用 group_concat() 函数来查看不同分组的取值情况。

▶ **语法：**

```
group_concat(列名)
```

▶ **举例：**

```
select type as 类型,
       group_concat(name) as 取值
from fruit
group by type;
```

运行结果如图 4-24 所示。

类型	取值
仁果	山竹,苹果,梨子
浆果	葡萄,柿子,橘子
瓜果	西瓜,菠萝,香瓜,哈密瓜

图 4-24

▶ **分析：**

使用 group_concat() 函数，可以把分组中某一个字段的所有取值情况都列举出来。

▶ **举例：**

```
select season as 季节,
       group_concat(name) as 取值
from fruit
group by season;
```

运行结果如图 4-25 所示。

季节	取值
夏	葡萄,山竹,西瓜,菠萝,香瓜
秋	柿子,橘子,苹果,梨子,哈密瓜

图 4-25

4.4 指定条件：having

我们都知道，使用 group by 子句可以对列进行分组。如果希望通过指定条件来选取特定的组，比如取出"行数为 2"的组，应该怎样去实现呢？

说到指定条件，很多小伙伴先想到的应该是使用 where 子句。但是 where 子句只能用于指定"行（或记录）"的条件，而不能用于指定"组"的条件。

简单来说，使用 where 子句只能给 select 子句的结果指定条件，而无法给 group by 子句的结果指定条件。如果想要给 group by 子句的结果指定条件，此时应该怎么做呢？

在 MySQL 中，可以使用 having 子句来给分组指定条件，也就是给 group by 子句的结果指定条件。

▼ 语法：

```
select 列名
from 表名
where 条件
group by 列名
having 条件;
```

▼ 说明：

having 子句不能单独使用，而必须结合 group by 子句使用，并且 having 子句必须位于 group by 子句之后。实际上，select 语句的各个子句必须遵循下面的书写顺序。

```
select子句 → from子句 → where子句 → group by子句 → having子句
```

▼ 举例：行数为 3 的分组

```
select type as 类型,
       count(*) as 行数
from fruit
group by type
having count(*) = 3;
```

运行结果如图 4-26 所示。

类型	行数
浆果	3
仁果	3

图 4-26

▼ 分析：

使用 having 子句其实就是给分组的结果指定一个条件。如果没有使用 having 子句，则会把所有分组的情况都列举出来。在这个例子中，如果把 having 子句去掉，则运行结果如图 4-27 所示。

类型	行数
浆果	3
仁果	3
瓜果	4

图 4-27

▌举例：大于平均值

```
select type as 类型,
       avg(price) as 平均售价
from fruit
group by type
having avg(price) > 10;
```

运行结果如图 4-28 所示。

类型	平均售价
浆果	15.20000
仁果	22.16667

图 4-28

▌分析：

having avg(price)>10 表示查询平均售价大于 10 的"组"。注意这里查询的是"组"，而不是"行"。在这个例子中，如果把 having avg(price)>10 改为 having avg(price)<=10，则运行结果如图 4-29 所示；如果把 having avg(price)>10 去掉，则运行结果如图 4-30 所示。

类型	平均售价
瓜果	8.17500

图 4-29

类型	平均售价
浆果	15.20000
仁果	22.16667
瓜果	8.17500

图 4-30

小伙伴们可能发现了，这里的 having 子句使用了聚合函数。前面提到过：**聚合函数只能用于 select、order by、having 这 3 种子句，而不能用于 where、group by 等其他子句。**

4.5　子句顺序

到这里为止，我们已经把 select 语句中的所有子句学完了。每条语句都是由不同的子句组合而成的。select 语句主要包含 7 种子句，如表 4-3 所示。

表 4-3 select 语句的子句

子　　句	说　　明
select	查询哪些列
from	从哪个表查询
where	查询条件
group by	分组
having	分组条件
order by	排序
limit	限制行数

▐ **语法：**

```
select 列名
from 表名
where 条件
group by 列名
having 条件
order by 列名
limit n;
```

▐ **说明：**

前面我们了解到，各个子句的书写是需要遵循一定顺序的。select 语句中的各个子句需要严格遵循下面的书写顺序。

```
select → from → where → group by → having → order by → limit
```

4.6 本章练习

一、单选题

1. 在 MySQL 中，having 子句必须和（　　　）子句搭配使用。
   A. order by　　　　B. where　　　　C. group by　　　　D. limit
2. 在分组条件（having 子句）中，可以使用的聚合函数是（　　　）。
   A. count()　　　　B. sum()　　　　C. avg()　　　　D. 以上都可以
3. 如果想要统计一个表有多少行数据，则可以使用（　　　）函数来实现。
   A. max()　　　　B. min()　　　　C. count()　　　　D. sum()

4. 下面关于聚合函数的说法中，正确的是（　　　）。

　　A. 聚合函数只能用于 select 子句，不能用于其他子句

　　B. 聚合函数只会返回单个值

　　C. 可以使用 sum() 函数来统计一个表有多少行

　　D. 使用 count（列名）方式统计行数时，不会忽略值为 null 的行

5. 下面的说法中，正确的是（　　　）。

　　A. where 子句和 having 子句冲突，只能使用其中之一

　　B. having 子句必须要配合 group by 子句使用

　　C. group by 子句必须要配合 having 子句使用

　　D. 可以使用 where 子句来设置分组的条件

6. select 语句中的各个子句的正确书写顺序是（　　　）。

　　A. select → from → where → group by → having → limit → order by

　　B. select → from → where → order by → group by → having → limit

　　C. select → from → where → order by → limit → group by → having

　　D. select → from → where → group by → having → order by → limit

7. 如果想要查询选修了 3 门以上课程的学生的信息（学号字段名为 sno），则正确的 SQL 语句是（　　　）。

　　A. select * from course group by sno where count(*) > 3;

　　B. select * from course group by sno having count(*) > 3;

　　C. select * from course order by sno where count(*) > 3;

　　D. select * from course order by sno having count(*) > 3;

二、问答题

1. 请简述一下 where 子句和 having 子句的区别。

2. 请按顺序写出 select 语句中的各个子句。

第5章

高级查询

5.1 模糊查询：like

在实际开发中，很多时候需要判断某一列是否包含某个子字符串，比如找出所有姓"李"的学生，这就需要借助模糊查询来实现。

在 MySQL 中，可以在 where 子句中使用 like 运算符来实现模糊查询，并且 like 运算符一般需要结合通配符使用。常用的通配符有两种，如表 5-1 所示。

表 5-1 通配符

通 配 符	说 明
%	0 个或多个字符
_	1 个字符

接下来创建一个名为"employee"的表，该表保存的是员工的基本信息，包括工号、姓名、性别、年龄、职位等。employee 表的结构如表 5-2 所示，其数据如表 5-3 所示。

表 5-2 employee 表的结构

列 名	类 型	长 度	小 数 点	允许 null	是否主键	注 释
id	int			×	√	工号
name	varchar	10		√	×	姓名
sex	char	5		√	×	性别
age	int			√	×	年龄
title	varchar	20		√	×	职位

表 5-3 employee 表的数据

id	name	sex	age	title
1	张亮	男	36	前端工程师
2	李红	女	24	UI 设计师
3	王莉	女	27	平面设计师
4	张杰	男	40	后端工程师
5	王红	女	32	游戏设计师

5.1.1 通配符：%

在 SQL 中，通配符 "%" 代表的是一个任何长度的字符串（0 个或多个字符）。"%" 的常用方式有以下 3 种。

▶ where 列名 like 'string%'。

表示查询某列中以 string 开头的记录，string 只能出现在开头。

▶ where 列名 like '%string'。

表示查询某列中以 string 结尾的记录，string 只能出现在结尾。

▶ where 列名 like '%string%'。

表示查询某列中包含 string 的记录，string 可以出现在任意位置。

▶ 举例：开头

```
select *
from employee
where name like '张%';
```

运行结果如图 5-1 所示。

id	name	sex	age	title
1	张亮	男	36	前端工程师
4	张杰	男	40	后端工程师

图 5-1

▶ 分析：

上面例子表示查询 name 列中以 "张" 字开头的所有记录，也就是把所有姓 "张" 的员工的基本信息查询出来。

▶ 举例：结尾

```
select *
from employee
where name like '%红';
```

运行结果如图 5-2 所示。

id	name	sex	age	title
2	李红	女	24	UI设计师
5	王红	女	32	游戏设计师

图 5-2

▶ 分析：

上面例子表示查询 name 列中以"红"字结尾的所有记录，也就是把所有名字中最后一个字是"红"的员工的基本信息查询出来。

▶ 举例：包含

```
select *
from employee
where title like '%设计%';
```

运行结果如图 5-3 所示。

id	name	sex	age	title
2	李红	女	24	UI设计师
3	王莉	女	27	平面设计师
5	王红	女	32	游戏设计师

图 5-3

▶ 分析：

where title like '% 设计 %' 表示只要 title 这一列包含"设计"这个字符串就可以了，与字符串的位置无关。也就是说，不管"设计"这个字符串是在开头、结尾还是在中间，都满足查询条件。因为"%"既可以代表 0 个字符，也可以代表多个字符。

如果把"% 设计 %"改为"% 设计"或"设计 %"，则运行结果如图 5-4 所示。这两种情况的运行结果是一样的。

id	name	sex	age	title
(N/A)	(N/A)	(N/A)	(N/A)	(N/A)

图 5-4

▼ 举例：不使用通配符

```
select *
from employee
where name like '张';
```

运行结果如图 5-5 所示。

id	name	sex	age	title
(N/A)	(N/A)	(N/A)	(N/A)	(N/A)

图 5-5

▼ 分析：

当 like 关键字后面的字符串不使用通配符时，就相当于对整个字符串进行相等匹配。这个例子的代码等价于下面的代码。

```
select *
from employee
where name = '张';
```

5.1.2   通配符：_

在 SQL 中，通配符"_"代表的是一个字符，也就是长度为 1 的字符串。"_"的常用方式有以下 3 种。

▶ where 列名 like 'string_'。

表示查询某列中以 string 开头的记录，string 后面必须有且只能有一个字符。

▶ where 列名 like '_string'。

表示查询某列中以 string 结尾的记录，string 前面必须有且只能有一个字符。

▶ where 列名 like '_string_'。

表示查询某列中包含 string 的记录，string 前面以及后面都必须有且只能有一个字符。不过这种方式很少用，简单了解即可。

▼ 举例：开头

```
select *
from employee
where title like '前端_';
```

运行结果如图 5-6 所示。

id	name	sex	age	title
(N/A)	(N/A)	(N/A)	(N/A)	(N/A)

图 5-6

▼ 分析:

"前端 _"表示"前端"的后面只能有一个字符,显然表中并没有满足条件的记录。如果把"前端 _"改为"前端 %",则运行结果如图 5-7 所示。

id	name	sex	age	title
1	张亮	男	36	前端工程师

图 5-7

▼ 举例: 结尾

```
select *
from employee
where title like '_工程师';
```

运行结果如图 5-8 所示。

id	name	sex	age	title
(N/A)	(N/A)	(N/A)	(N/A)	(N/A)

图 5-8

▼ 分析:

"_ 工程师"表示"工程师"的前面只能有一个字符,显然表中并没有满足条件的记录。如果把"_ 工程师"改为"% 工程师",则运行结果如图 5-9 所示。

id	name	sex	age	title
1	张亮	男	36	前端工程师
4	张杰	男	40	后端工程师

图 5-9

需要说明的是,有一个与 like 运算符作用相反的运算符: not like。如果想要获取相反的结果,则可以使用 not like 运算符来实现。

5.1.3 转义通配符

如果想要匹配的字符串本身就包含"%"或"_"这样的字符,那么 MySQL 怎么判断它是一个通配符,还是一个普通字符呢?

我们可以在"%"或"_"的前面加上一个反斜杠"\"，此时该字符就变成了一个普通字符，而不具备通配符的功能。这一点类似于大多数编程语言中转义字符的使用。

▼ **举例**：

```
select *
from employee
where name like '张\_';
```

运行结果如图 5-10 所示。

id	name	sex	age	title
(N/A)	(N/A)	(N/A)	(N/A)	(N/A)

图 5-10

▼ **分析**：

上面例子其实是想要匹配名字为两个字，且姓"张"的学生。由于表中没有这样的数据，所以运行结果为一个空集。

如果想要使用某种模式来对数据进行匹配，则除了使用 like 关键字来实现之外，还可以使用正则表达式来实现。不过我们一般不在 MySQL 中使用正则表达式，而是在 Python、Java 等编程语言中使用。

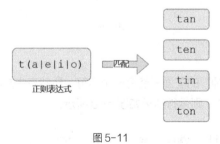

图 5-11

5.2   随机查询：rand()

在实际开发中，有时需要从一个表中随机查询 n 条记录。在 MySQL 中，可以使用 rand() 函数实现随机查询。rand 是"random"（随机）的缩写。

▼ **语法**：

```
select 列名
from 表名
order by rand()
limit n;
```

▼ 说明：

rand() 函数需要结合 order by 子句使用。一般情况下，可以使用 limit 关键字来限制查询结果的行数。

▼ 举例：

```
select name, price
from fruit
order by rand()
limit 5;
```

运行结果如图 5-12 所示。

name	price
香瓜	8.8
山竹	40.0
柿子	6.4
西瓜	4.5
葡萄	27.3

图 5-12

▼ 分析：

上面这段代码表示从 fruit 表中随机查询 5 条记录。由于是随机查询，所以每次查询出来的结果可能是不一样的。

limit 关键字用于限制查询结果的行数。在这个例子中，如果把 limit 5 删除，则得到的结果如图 5-13 所示。也就是说，如果没有使用 limit 关键字来限制行数，那么得到的查询结果的行数和原表的行数是一样的。

name	price
梨子	13.9
西瓜	4.5
柿子	6.4
葡萄	27.3
香瓜	8.8
橘子	11.9
哈密瓜	7.5
菠萝	11.9
山竹	40.0
苹果	12.6

图 5-13

随机查询在实际开发中非常有用，比如社交往网站中相关文章的推荐就使用了随机查询，而电商网站中商品的随机展示也使用了随机查询。

需要说明的是，不同 DBMS 的随机查询的语法是不一样的。MySQL 使用 rand() 函数，SQL
Server 使用 newid() 函数，而 Oracle 使用 dbms_random.random() 函数。这里我们简单了解即可。

```
-- MySQL
select * from fruit order by rand() limit 5;

-- SQL Server
select top 5 * from fruit order by newid();

-- Oracle
select * from (select * from fruit order by dbms_random.random()) where rownum <= 5;
```

5.3　子查询

子查询指的是在一条 select 语句中使用另一条 select 语句。一般来说，另一条 select 语句的
查询结果往往会作为第一条 select 语句的查询条件。利用子查询可以完成 SQL 查询中比较复杂的
任务，在实际开发中非常有用。

在 MySQL 中，子查询一般可以分为以下 3 种。

▶ 单值子查询。

▶ 多值子查询。

▶ 关联子查询。

5.3.1　单值子查询

单值子查询，指的是作为子查询的 select 语句返回的结果是"单个值"，也就是返回 1 行 1 列
的结果。单值子查询也叫作"标量子查询"。"标量"也就是"单个"或"单一"的意思。

对于"标量子查询"这种叫法，小伙伴们也要了解一下，因为很多书或教程都使用这种叫法。

▼ 举例：获取 price 大于平均售价的水果记录

```
select name, price
from fruit
where price > (select avg(price) from fruit);
```

运行结果如图 5-14 所示。

name	price
葡萄	27.3
山竹	40.0

图 5-14

▶ 分析：

上面这段代码用于获取 price 大于平均售价的所有水果。这里有两条 select 语句，可以把外层的 select 语句看成"父查询"，把内层的 select 语句看成"子查询"。子查询一般用"()"括起来。

作为子查询的 select 语句其实是可以单独运行的。select avg(price) from fruit 返回的结果是单一值，也就是 14.48。所以这个例子的代码本质上等价于下面的代码。

```
select name, price
from fruit
where price > 14.48;
```

从上面的内容可以知道，**父查询是依赖于子查询的结果的**。对于"查找 price 大于其平均值的所有记录"，很多小伙伴可能会写出下面这样的代码。

```
select name, price
from fruit
where price > avg(price);
```

虽然上述代码看起来是满足要求的，但实际上这样的写法是错误的。原因很简单，avg() 是一个聚合函数，之前介绍过，**聚合函数可以用于 select 子句，但是不能用于 where 子句**。

包含子查询的 SQL 代码的一般执行顺序是：**先执行子查询，后执行父查询**。上面这个例子实现的是"单值子查询"，这是因为它使用了子查询，并且该子查询返回的是一个值。

当然，如果子查询的代码比较长，则可以进行换行处理，以增强代码的可读性。上面这个例子也可以写成下面这样。

```
-- 格式1
select name, price
from fruit
where price > (
    select avg(price) from fruit
);

-- 格式2
select name, price
from fruit
where price > (
    select avg(price)
    from fruit
);
```

▶ 举例：获取售价最高的水果记录

```
select name, price
from fruit
where price = (
```

```
    select max(price) from fruit
);
```

运行结果如图 5-15 所示。

name	price
山竹	40.0

图 5-15

▶ 分析：

上面这段代码用于获取售价最高的水果记录。下面这样的写法是错误的，因为 max() 函数不能用于 where 子句。

```
select name, price
from fruit
where price = max(price);
```

▶ 举例：在 select 子句中使用子查询

```
select name as 名称,
    price as 售价,
    (select avg(price) from fruit) as 平均售价
from fruit;
```

运行结果如图 5-16 所示。

名称	售价	平均售价
葡萄	27.3	14.48000
柿子	6.4	14.48000
橘子	11.9	14.48000
山竹	40.0	14.48000
苹果	12.6	14.48000
梨子	13.9	14.48000
西瓜	4.5	14.48000
菠萝	11.9	14.48000
香瓜	8.8	14.48000
哈密瓜	7.5	14.48000

图 5-16

▶ 分析：

子查询不仅可以在 where 子句中使用，也可以在 select 子句中使用。实际上，**子查询几乎可以在所有的子句中使用。**

▶ 举例：在 having 子句中使用子查询

```
select type as 类型, avg(price) as 平均售价
from fruit
group by type
having avg(price) > (
    select avg(price) from fruit
);
```

运行结果如图 5-17 所示。

类型	平均售价
浆果	15.20000
仁果	22.16667

图 5-17

▶ 分析：

这个例子实现的功能是查询"组平均售价"大于"总平均售价"的"组"。这里在 having 子句中使用子查询来获取"总平均售价"。

5.3.2 多值子查询

多值子查询，指的是作为子查询的 select 语句返回的结果是"多个值"，一般是一列多行。多值子查询一般放在 where 子句中，并结合 in、all、any、some 这 4 个关键字来使用。

1. in

如果想要判断某条记录是否存在于子查询返回的结果集中，则可以使用 in 关键字来实现。除了 in 关键字之外，还有一个 not in 关键字，这两个关键字的作用是相反的。

▶ 举例：

```
select name, price
from fruit
where season = '夏' and price in (
    select price from fruit where season = '秋'
);
```

运行结果如图 5-18 所示。

name	price
菠萝	11.9

图 5-18

▶ 分析：

这个例子实现的功能是：**查询和任意"秋季"水果售价相同的"夏季"水果的名称和售价**。先执行子查询，即 select price from fruit where season=' 秋 '，其返回的结果如图 5-19 所示。该结果并不是一个单一值，而是一个集合。

price
6.4
11.9
12.6
13.9
7.5

图 5-19

然后执行父查询，也就是查找 season 为 ' 夏 '，并且 price 和 6.4、11.9、12.6、13.9、7.5 中的任意一个相等的记录。

2. all

all 代表所有记录，表达式需要与子查询返回的结果集中的每条记录进行比较。只有当每条记录都满足比较关系时才会返回 true（真），只要有一条记录不满足比较关系就会返回 false（假）。

▶ 举例：

```
select name, price
from fruit
where season = '夏' and price > all (
    select price from fruit where season = '秋'
);
```

运行结果如图 5-20 所示。

name	price
葡萄	27.3
山竹	40.0

图 5-20

▶ 分析：

这个例子实现的功能是：**查询比所有"秋季"水果售价都要高的"夏季"水果的名称和售价**。先执行子查询，即 select price from fruit where season=' 秋 '，其返回的结果如图 5-21 所示。该结果并不是一个单一值，而是一个集合。

price
6.4
11.9
12.6
13.9
7.5

图 5-21

然后执行父查询，也就是查找 season 为'夏'，并且 price 比 6.4、11.9、12.6、13.9、7.5 这 5 个都要大的记录。

请小伙伴们思考这样一个问题：假如要获取相反的结果，也就是：**查询不和任何"秋季"水果售价相同的"夏季"水果的名称和售价**，应该怎样实现呢？方式有两种，一种是使用"not in"，另一种是使用"<>all"，如下所示。运行结果如图 5-22 所示。

```
-- 方式1：not in
select name, price
from fruit
where season = '夏' and price not in (
    select price from fruit where season = '秋'
);

-- 方式2：<>all
select name, price
from fruit
where season = '夏' and price <> all (
    select price from fruit where season = '秋'
);
```

name	price
葡萄	27.3
山竹	40.0
西瓜	4.5
香瓜	8.8

图 5-22

3. any 和 some

any 表示任意一条记录，只要表达式与子查询返回的结果集中的任意一条记录满足比较关系，就会返回 true；当表达式与子查询返回的结果集中的所有记录都不满足比较关系，才会返回 false。

可以把 some 关键字看成 any 关键字的别名，这两个关键字的作用是一样的。

▌ **举例：**

```
select name, price
from fruit
where season = '夏' and price = any (
    select price from fruit where season = '秋'
);
```

运行结果如图 5-23 所示。

name	price
菠萝	11.9

图 5-23

▌ **分析：**

这个例子实现的功能是：**查询和任意"秋季"水果售价相同的"夏季"水果的名称和售价**。先执行子查询，即 select price from fruit where season=' 秋 '，其返回的是所有秋季水果的售价，如图 5-24 所示。

price
6.4
11.9
12.6
13.9
7.5

图 5-24

然后执行父查询，也就是查找 season 为 '夏'，并且 price 和 6.4、11.9、12.6、13.9、7.5 中的任意一个相等的记录。"=any"等价于"in"，因此这个例子的代码等价于下面的 SQL 代码。

```
select name, price
from fruit
where season = '夏' and price in (
    select price from fruit where season = '秋'
);
```

此外，由于 some 关键字等价于 any 关键字，所以对于这个例子来说，下面两种方式是等价的。

```
-- 方式1 : any
select name, price
from fruit
where season = '夏' and price = any (
    select price from fruit where season = '秋'
);
```

```
-- 方式2：some
select name, price
from fruit
where season = '夏' and price = some(
    select price from fruit where season = '秋'
);
```

关于 all、any、some 这 3 个关键字，我们需要清楚以下 3 点。

▸ all、any、some 这 3 个关键字必须和比较运算符一起使用。

▸ "=any" 等价于 "in"。

▸ "<>all" 等价于 "not in"。

5.3.3 关联子查询

如果想要查找 price 大于平均售价的所有记录，那么使用单值子查询就可以轻松实现。现在我们思考这样一个问题：根据类型（type）进行分组，如何找出每一组中 price 大于该组平均售价的所有水果呢？

我们先执行下面的代码来确认 fruit 表的情况，运行结果如图 5-25 所示。

```
select name, type, price
from fruit;
```

name	type	price
葡萄	浆果	27.3
柿子	浆果	6.4
橘子	浆果	11.9
山竹	仁果	40.0
苹果	仁果	12.6
梨子	仁果	13.9
西瓜	瓜果	4.5
菠萝	瓜果	11.9
香瓜	瓜果	8.8
哈密瓜	瓜果	7.5

图 5-25

type 的取值有 3 种：浆果、仁果、瓜果。以 "浆果" 这一组为例，所有 "浆果" 的平均售价为 (27.3 + 6.4 + 11.9) / 3 = 15.2，那么 price 大于该组平均售价的水果只有葡萄。

如果只考虑 "浆果" 这一组，想要找出 price 大于该组平均售价的水果，可以使用下面的 SQL 代码来实现，运行结果如图 5-26 所示。

```
select name, type, price
from fruit
where type = '浆果' and price > (
    select avg(price) from fruit where type = '浆果'
);
```

name	type	price
葡萄	浆果	27.3

图 5-26

但这里的要求是找出"每一组"中 price 大于该组平均售价的水果。也就是说，需要考虑每一组的情况，而不是只考虑某一组的情况。这又该怎么实现呢？很多小伙伴可能会写出下面的 SQL 代码，其运行结果如图 5-27 所示。

```
select name, type, price
from fruit
where price > (
    select avg(price) from fruit group by type
);
```

```
Subquery returns more than 1 row
时间：0.022s
```

图 5-27

很明显这种方式是行不通的，原因很简单：子查询返回了多个值，而不是单个值。where 子句拿 price 去跟多个值进行比较，这是不允许的。price 本身就是一组值，它应该跟单个值进行比较。

那么 SQL 代码应该怎样写才能满足要求呢？此时就需要用到"关联子查询"了，我们先来看一下正确的代码是怎样写的。

▶ **举例：关联子查询**

```
select name, type, price
from fruit as e1
where price > (
    select avg(price)
    from fruit as e2
    where e1.type = e2.type
    group by type
);
```

运行结果如图 5-28 所示。

name	type	price
葡萄	浆果	27.3
山竹	仁果	40.0
菠萝	瓜果	11.9
香瓜	瓜果	8.8

图 5-28

▶ 分析：

这里起关键作用的就是在子查询中添加的 where 子句。父查询和子查询都是对 fruit 表进行操作。为了进行区分，我们需要为父查询和子查询中的 fruit 表起一个不同的别名。

where e1.type=e2.type 表示将父查询中的 type 和子查询中的 type 进行比较，如果两者相等则满足条件。e1.type 表示获取 e1 中的 type 列，而 e2.type 表示获取 e2 中的 type 列。初次接触这种写法的小伙伴可能会不理解，不过大家不用担心，等学习了"第 10 章 多表查询"之后，就会对这种写法非常熟悉了。

关联子查询指的是父查询和子查询是"相关联"的，子查询的条件需要依赖父查询。所以上面使用 where e1.type=e2.type 进行关联条件判断。我们只需要记住这么一句话就可以了：**如果想要在分组内部进行比较，就需要使用关联子查询。**

需要特别注意的是，关联子查询的关联条件判断一定要写在子查询中，而不能写在父查询中。

```
-- 正确：写在子查询中
select name, type, price
from fruit as e1
where price > (
    select avg(price)
    from fruit as e2
    where e1.type = e2.type
    group by type
);

-- 错误：写在父查询中
select name, type, price
from fruit as e1
where e1.type = e2.type
and price > (
    select avg(price)
    from fruit as e2
    group by type
);
```

5.4　本章练习

一、单选题

1. 如果一个查询的结果作为另一个查询的条件，则这个查询被叫作（　　　）。
   A. 连接查询　　　　　　　　　　　B. 父查询
   C. 自查询　　　　　　　　　　　　D. 子查询
2. 如果想要使用 like 关键字来匹配单个字符，则应该使用哪一个通配符？（　　　）
   A. %　　　　　　　　　　　　　　B. *
   C. _　　　　　　　　　　　　　　D. /
3. 在 MySQL 中，与"not in"等价的是（　　　）。
   A. =some　　　　　　　　　　　　B. <>some
   C. =all　　　　　　　　　　　　　D. <>all
4. 当子查询返回多个值（多行数据）时，可以使用（　　　）关键字来进行处理。
   A. in　　　　　　　　　　　　　　B. all
   C. some　　　　　　　　　　　　　D. 以上都可以
5. 当子查询的条件需要依赖父查询时，这类查询叫作（　　　）。
   A. 关联子查询　　　　　　　　　　B. 内连接查询
   C. 全外连接查询　　　　　　　　　D. 自然连接查询
6. 下面关于模糊匹配的说法中，正确的是（　　　）。
   A. like 关键字必须结合通配符使用
   B. rand() 函数一般需要结合 order by 子句使用
   C. MySQL、SQL Server、Oracle 实现随机查询的语法是一样的
   D. 子查询只能返回单个值，而不能返回多个值

二、问答题

1. 如果子查询返回多个值（多行数据），那么我们可以使用哪些关键字来进行处理？
2. 请简述一下普通子查询和关联子查询的区别。

三、编程题

下面有一个 student 表（见表 5-4），请写出相关操作对应的 SQL 语句。

表 5-4　student 表

id	name	sex	grade	birthday	major
1	张欣欣	女	86	2000-03-02	计算机科学
2	刘伟达	男	92	2001-06-13	网络工程
3	杨璐璐	女	72	2000-05-01	软件工程
4	王明刚	男	80	2002-10-17	电子商务
5	张伟	男	65	2001-11-09	人工智能

（1）查询出所有姓"张"的学生记录。

（2）查询出所有不姓"刘"的学生记录。

（3）查询出所有姓"张"并且名字长度为 3 的学生记录。

（4）查询出姓名中第 2 个字是"伟"的学生记录。

（5）查询出比"杨璐璐"生日晚的所有男生的姓名和生日。

（6）查询出比所有女生生日都要晚的男生的姓名和生日。

（7）查询出和任意女生出生年份相同的男生的姓名和出生年份（注意是年份）。

（8）查询出不和任何女生出生年份相同的男生的姓名和出生年份（注意是年份）。

（注：获取一个日期的年份可以使用下一章将介绍的 year() 函数。）

第 6 章

内置函数

6.1 内置函数简介

在 MySQL 中，内置函数主要包括以下 8 类。聚合函数在 "4.2 聚合函数" 这一节中已经介绍过了。本章将详细介绍另外 7 类函数。

- ▶ 聚合函数。
- ▶ 数学函数。
- ▶ 字符串函数。
- ▶ 时间函数。
- ▶ 排名函数。
- ▶ 加密函数。
- ▶ 系统函数。
- ▶ 其他函数。

虽然 MySQL 的函数很多，但是本书只会介绍最常用的。对于这些函数，小伙伴们不需要刻意去记，只要认真过一遍，等到实际开发需要时，再回来翻一下就可以了。另外，对于其他不常用的函数，请自行查阅一下官方文档。

对于内置函数，我们还需要注意以下两点。

- ▶ 内置函数一般都在 select 子句中使用，而不能在 where 等子句中使用。
- ▶ 不同的 DBMS 内置的函数略有不同，本章介绍的函数都适用于 MySQL，但并不一定适用于其他 DBMS（如 SQL Server、Oracle、PostgreSQL 等）。

6.2 数学函数

编程一般都涉及数学计算。在 MySQL 中，常用的数学函数如表 6-1 所示。

表 6-1　数学函数

函　　数	说　　明
abs()	求绝对值
mod()	求余
round()	四舍五入
truncate()	截取小数
sign()	获取符号
pi()	获取圆周率
rand()	获取随机数（0~1）
ceil()	向上取整
floor()	向下取整

在 Navicat for MySQL 中创建一个名为"math_test"的表，其结构如表 6-2 所示，其数据如表 6-3 所示。

表 6-2　math_test 表的结构

列　　名	类　　型	长　　度	小　数　点	允许 null	是否主键	是否递增
a	decimal	5	1	√	×	×
b	decimal	5	2	√	×	×
c	int			√	×	×
d	int			√	×	×
e	decimal	5	1	√	×	×

表 6-3　math_test 表的数据

a	b	c	d	e
520.0	−3.14	64	7	3.0
−250.0	8.88	56	4	0.4
−320.0	−1.55	36	9	0.6
365.0	6.66	84	5	−1.1
640.0	−2.12	20	7	−1.9

6.2.1 求绝对值：abs()

在 MySQL 中，可以使用 abs() 函数来求数值的绝对值。abs 是 "absolute"（绝对的）的缩写。

▼ **语法：**

```
abs(列名)
```

▼ **说明：**

abs() 函数可以用于求"整数"的绝对值，也可以用于求"小数（浮点数或定点数）"的绝对值。

▼ **举例：**

```
select a,
       abs(a) as 绝对值
from math_test;
```

运行结果如图 6-1 所示。

a	绝对值
520.0	520.0
-250.0	250.0
-320.0	320.0
365.0	365.0
640.0	640.0

图 6-1

▼ **分析：**

在这个例子中，运行结果的第 1 列是原值，第 2 列是使用 abs() 函数计算出来的绝对值。如果执行下面的 SQL 代码，则运行结果如图 6-2 所示。

```
select b,
       abs(b) as 绝对值
from math_test;
```

b	绝对值
-3.14	3.14
8.88	8.88
-1.55	1.55
6.66	6.66
-2.12	2.12

图 6-2

6.2.2　求余：mod()

在 MySQL 中，可以使用 mod() 函数来对整数进行求余。mod 是"modulo"（求模）的缩写。

▶ **语法：**

```
mod(被除数，除数)
```

▶ **说明：**

mod() 函数只能用于对"整数"进行求余，而不能用于对"小数（浮点数或定点数）"进行求余。

▶ **举例：**

```
select c, d,
       mod(c, d) as 求余
from math_test;
```

运行结果如图 6-3 所示。

c	d	求余
64	7	1
56	4	0
36	9	0
84	5	4
20	7	6

图 6-3

▶ **分析：**

mod(c, d) 表示被除数是 c 这一列，而除数是 d 这一列。因为小数运算中是没有余数的概念的，所以只能对整数列进行求余。

如果一定要对浮点数列进行求余，则会得到一个奇怪的结果。比如执行下面的 SQL 代码，此时运行结果如图 6-4 所示。

```
select a, b,
       mod(a, b) as 求余
from math_test;
```

a	b	求余
520.0	-3.14	1.90
-250.0	8.88	-1.36
-320.0	-1.55	-0.70
365.0	6.66	5.36
640.0	-2.12	1.88

图 6-4

6.2.3　四舍五入：round()

在 MySQL 中，可以使用 round() 函数来对数值进行四舍五入。round 有"把……四舍五入"的意思。

▼ 语法：

```
round(列名, n)
```

▼ 说明：

n 是一个整数，表示四舍五入后保留的小数位数。

▼ 举例：

```
select b,
       round(b, 1) as 四舍五入
from math_test;
```

运行结果如图 6-5 所示。

b	四舍五入
-3.14	-3.1
8.88	8.9
-1.55	-1.6
6.66	6.7
-2.12	-2.1

图 6-5

▼ 分析：

如果指定要保留的小数的位数为 1，那么会对小数点后的第 2 位进行四舍五入。如果指定要保留的小数位数为 2，那么会对小数点后的第 3 位进行四舍五入，以此类推。

6.2.4　截取小数：truncate()

在 MySQL 中，可以使用 truncate() 函数来截取 n 位小数。truncate() 函数和 round() 函数比较类似，但是 truncate() 函数会直接截取几位小数，而不会对小数进行四舍五入。

▼ 语法：

```
truncate(列名, n)
```

▶ 说明：

n 是一个正整数，表示截取 n 位小数。

▶ 举例：

```
select b,
       truncate(b, 1) as 截取一位小数
from math_test;
```

运行结果如图 6-6 所示。

b	截取一位小数
-3.14	-3.1
8.88	8.8
-1.55	-1.5
6.66	6.6
-2.12	-2.1

图 6-6

▶ 分析：

truncate(b, 1) 表示对 b 这一列进行操作，保留一位小数（这里不会四舍五入）。

6.2.5　获取符号：sign()

在 MySQL 中，可以使用 sign() 函数来获取数的符号。

▶ 语法：

```
sign(列名)
```

▶ 说明：

如果是负数，则返回 –1；如果是 0，则返回 0；如果是正数，则返回 1。

▶ 举例：

```
select a,
       sign(a) as 符号
from math_test;
```

运行结果如图 6-7 所示。

a	符号
520.0	1
-250.0	-1
-320.0	-1
365.0	1
640.0	1

图 6-7

6.2.6　获取圆周率：pi()

在 MySQL 中，可以使用 pi() 函数来获取圆周率。

▶ **语法：**

```
pi()
```

▶ **说明：**

pi() 函数没有任何参数。

▶ **举例：**

```
select pi() as 圆周率;
```

运行结果如图 6-8 所示。

圆周率
3.141593

图 6-8

6.2.7　获取随机数：rand()

在 MySQL 中，可以使用 rand() 函数来获取 0~1 的随机数。

▶ **语法：**

```
rand()
```

▶ **说明：**

rand() 函数没有任何参数。

▼ **举例：**

```
select rand() as 随机数;
```

运行结果如图 6-9 所示。

随机数
0.6425170867168504

图 6-9

6.2.8　向上取整：ceil()

在 MySQL 中，可以使用 ceil() 函数来对一个数进行向上取整。"向上取整"指的是返回大于或等于指定数值的"最近的那个整数"。

ceil 有"天花板"的意思，所以用它来表示"向上取整"。

▼ **语法：**

```
ceil(列名)
```

▼ **举例：**

```
select e,
       ceil(e) as 向上取整
from math_test;
```

运行结果如图 6-10 所示。

e	向上取整
3.0	3
0.4	1
0.6	1
-1.1	-1
-1.9	-1

图 6-10

▼ **分析：**

从这个例子可以看出，在 ceil(e) 中，如果 e 只有整数部分（小数部分为 0），那么直接返回 e；如果 e 的小数部分不为 0，那么返回大于 e 且离 e 最近的那个整数。具体如图 6-11 所示。

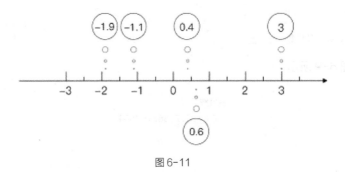

图 6-11

6.2.9 向下取整：floor()

在 MySQL 中，可以使用 floor() 函数来对一个数值进行向下取整。"向下取整"指的是返回小于或等于指定数值的"最近的那个整数"。

floor 有"地板"的意思，所以用它来表示"向下取整"。

▼ 语法：

```
floor(列名)
```

▼ 举例：

```
select e,
       floor(e) as 向下取整
from math_test;
```

运行结果如图 6-12 所示。

e	向下取整
3.0	3
0.4	0
0.6	0
-1.1	-2
-1.9	-2

图 6-12

▼ 分析：

从这个例子可以看出，在 floor(e) 中，如果 e 只有整数部分（小数部分为 0），那么直接返回 e；如果 e 的小数部分不为 0，那么返回小于 e 且离 e 最近的那个整数。具体如图 6-13 所示。

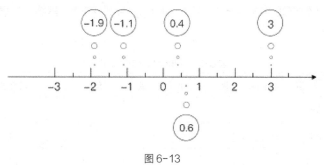

图 6-13

6.3 字符串函数

字符串函数一般用于对字符串类型的列进行操作。在 MySQL 中，常用的字符串函数如表 6-4 所示。

表 6-4 字符串函数

函　　数	说　　明
length()	求字符串长度
trim()	同时去除"开头"和"结尾"的空格
ltrim()	去除"开头"的空格
rtrim()	去除"结尾"的空格
reverse()	反转字符串
repeat()	重复字符串
replace()	替换字符串
substring()	截取字符串
left()	截取开头 n 个字符
right()	截取结尾 n 个字符
concat()	拼接字符串（不使用连接符）
concat_ws()	拼接字符串（使用连接符）
lower()	转换为小写
upper()	转换为大写
lpad()	在"开头"补全
rpad()	在"结尾"补全

在 Navicat for MySQL 中创建一个名为"string_test"的表,其结构如表 6-5 所示,其数据如表 6-6 所示。

表 6-5　string_test 表的结构

列　　名	类　　型	长　　度	小　数　点	允许 null	是否主键	注　　释
id	int			×	√	编号
firstname	varchar	20		√	×	名字
lastname	varchar	20		√	×	姓氏
sex	varchar	5		√	×	性别
age	int			√	×	年龄
company	varchar	50		√	×	公司

表 6-6　string_test 表的数据

id	firstname	lastname	sex	age	company
1	Bill	Gates	male	66	Microsoft
2	Mark	Zuckerberg	male	37	Facebook
3	Tim	Cook	male	61	Apple
4	Elon	Musk	male	50	Tesla
5	Larry	Page	male	48	Google

6.3.1　获取长度:length()

在 MySQL 中,可以使用 length() 函数来获取字符串的长度。

▼ **语法:**

```
length(列名)
```

▼ **举例:**

```
select firstname,
       length(firstname) as 长度
from string_test;
```

运行结果如图 6-14 所示。

图 6-14

▶ **分析：**

length(firstname) 表示获取 firstname 这一列中每一个字符串的长度。

6.3.2 去除空格：trim()

在 MySQL 中，可以使用 trim() 函数来去除字符串首尾的空格（包括换行符）。

▶ **语法：**

```
trim(列名)
```

▶ **说明：**

如果只想去除字符串"开头"的空格，可以使用 ltrim() 函数来实现；如果只想去除字符串"结尾"的空格，可以使用 rtrim() 函数来实现。其中，ltrim 是"left trim"的缩写，而 rtrim 是"right trim"的缩写。

接下来在 Navicat for MySQL 中处理 string_test 表，在 company 这一列的字符串前面加上若干个空格，此时 string_test 表的数据情况如图 6-15 所示。

id	firstname	lastname	sex	age	company
1	Bill	Gates	male	66	Microsoft
2	Mark	Zuckerberg	male	37	Facebook
3	Tim	Cook	male	61	Apple
4	Elon	Musk	male	50	Tesla
5	Larry	Page	male	48	Google

图 6-15

▶ **举例：**

```
select company,
       trim(company) as 去除空格
from string_test;
```

运行结果如图 6-16 所示。

company	去除空格
Microsoft	Microsoft
Facebook	Facebook
Apple	Apple
Tesla	Tesla
Google	Google

图 6-16

分析：

从运行结果可以看出，trim() 函数已经把 company 这一列的字符串前面的空格都去掉了。前面加入空格只是用于测试，为了方便后面的学习，我们需要在 Navicat for MySQL 中手动把 company 这一列的字符串前面的空格去掉。

6.3.3 反转字符串：reverse()

在 MySQL 中，可以使用 reverse() 函数来对一个字符串的所有字符进行逆序排列，也就是"反转字符串"。

语法：

```
reverse(列名)
```

举例：

```
select firstname,
       reverse(firstname) as 反转
from string_test;
```

运行结果如图 6-17 所示。

firstname	反转
Bill	lliB
Mark	kraM
Tim	miT
Elon	nolE
Larry	yrraL

图 6-17

6.3.4 重复字符串：repeat()

在 MySQL 中，可以使用 repeat() 函数来让一个字符串重复多次。

▼ **语法**：

```
repeat(列名, n)
```

▼ **说明**：

n 是一个正整数，表示重复的次数。

▼ **举例**：

```
select repeat(company, 3) as 重复结果
from string_test;
```

运行结果如图 6-18 所示。

重复结果
MicrosoftMicrosoftMicrosoft
FacebookFacebookFacebook
AppleAppleApple
TeslaTeslaTesla
GoogleGoogleGoogle

图 6-18

▼ **分析**：

repeat(company, 3) 表示将 company 这一列的字符串重复 3 次。

6.3.5 替换字符串：replace()

在 MySQL 中，可以使用 replace() 函数来将字符串的一部分替换成另一个字符串。

▼ **语法**：

```
replace(列名, A, B)
```

▼ **说明**：

replace(列名 , A, B) 表示将列中的 A 替换成 B。使用 replace() 函数不仅可以替换字符串的一部分，也可以替换整个字符串。

▼ **举例**：

```
select firstname,
       lastname,
       replace(sex, 'male', '男') as sex
from string_test;
```

运行结果如图 6-19 所示。

firstname	lastname	sex
Bill	Gates	男
Mark	Zuckerberg	男
Tim	Cook	男
Elon	Musk	男
Larry	Page	男

图 6-19

▶ **分析：**

replace(sex, 'male', ' 男 ') 表示将 sex 这一列中的"male"替换成"男"。

6.3.6　截取字符串：substring()

在 MySQL 中，可以使用 substring() 函数来截取字符串的一部分。

▶ **语法：**

```
substring(列名, start, length)
```

▶ **说明：**

start 是开始位置，length 是截取长度。该语法表示从相应列的字符串的 start 处开始截取，截取的长度为 length。

▶ **举例：**

```
select company,
       substring(company, 1, 3) as 截取结果
from string_test;
```

运行结果如图 6-20 所示。

company	截取结果
Microsoft	Mic
Facebook	Fac
Apple	App
Tesla	Tes
Google	Goo

图 6-20

▶ **分析：**

substring(company, 1, 3) 表示从 company 这一列的字符串的第 1 个字符开始截取，截取的长度为 3。注意，截取结果是包含第 1 个字符的。

6.3.7 截取开头结尾：left() 和 right()

在 MySQL 中，可以使用 left() 函数来截取字符串开头的 n 个字符，也可以使用 right() 函数来截取字符串结尾的 n 个字符。

▶ 语法：

```
left(列名，n)
right(列名，n)
```

▶ 说明：

left() 和 right() 这两个函数的参数是相同的。n 是一个正整数，表示截取 n 个字符。

▶ 举例：left()

```
select company,
       left(company, 3) as 前3个字符
from string_test;
```

运行结果如图 6-21 所示。

company	前3个字符
Microsoft	Mic
Facebook	Fac
Apple	App
Tesla	Tes
Google	Goo

图 6-21

▶ 举例：right()

```
select company,
       right(company, 3) as 后3个字符
from string_test;
```

运行结果如图 6-22 所示。

company	后3个字符
Microsoft	oft
Facebook	ook
Apple	ple
Tesla	sla
Google	gle

图 6-22

6.3.8 拼接字符串：concat()

在 MySQL 中，可以使用 concat() 函数来连接两个或多个列的数据。需要注意的是，使用 concat() 函数要求被连接的列都是字符串类型。

▼ 语法：

```
concat(列1, 列2, ..., 列n)
```

▼ 说明：

使用 concat() 函数直接将多个列的字符串连接起来，字符串与字符串之间是没有任何连接符的。如果想要在字符串与字符串之间添加一个连接符，则可以使用 concat_ws() 函数来实现，其语法如下。

```
concat_ws(连接符, 列1, 列2, ..., 列n)
```

▼ 举例：concat()

```
select concat(firstname, lastname) as 姓名
from string_test;
```

运行结果如图 6-23 所示。

姓名
BillGates
MarkZuckerberg
TimCook
ElonMusk
LarryPage

图 6-23

▼ 分析：

concat(firstname, lastname) 表示直接将 firstname 和 lastname 这两列的字符串连接。需要说明的是，很多编程语言（包括 SQL Server），都可以使用 "+" 来实现字符串的拼接。但是 MySQL 中的 "+" 只能用于实现数值的相加，而不能实现字符串的拼接。例如下面的 SQL 代码就是有问题的，小伙伴们可以自行尝试一下。

```
-- 错误方式
select firstname + lastname as 姓名
from string_test;
```

在 MySQL 中，要想实现字符串的拼接，只能使用 concat() 或 concat_ws() 函数，而不能使用 "+"。

▼ 举例：concat_ws()

```
select concat_ws(',', firstname, lastname) as 姓名
from string_test;
```

运行结果如图 6-24 所示。

姓名
Bill,Gates
Mark,Zuckerberg
Tim,Cook
Elon,Musk
Larry,Page

图 6-24

▼ 分析：

concat_ws(',', firstname, lastname) 表示把英文逗号（,）作为连接符来对 firstname 和 lastname 这两列的字符串进行连接。

▼ 举例：使用空格作为连接符

```
select concat_ws(' ', firstname, lastname) as 姓名
from string_test;
```

运行结果如图 6-25 所示。

姓名
Bill Gates
Mark Zuckerberg
Tim Cook
Elon Musk
Larry Page

图 6-25

▼ 分析：

使用空格来连接 firstname 和 lastname 这两列的字符串，此时得到的就是一个人的完整姓名。

如果不需要使用连接符，则使用 concat() 函数和 concat_ws() 函数都是可行的。其中 concat_ws() 函数的连接符参数为空字符串（注意是空字符串，而不是空格）。下面两种方式是等价的。

```
-- 方式1
select concat(firstname, lastname) as 姓名
from string_test;
```

```
-- 方式2
select concat_ws('', firstname, lastname) as 姓名
from string_test;
```

6.3.9 转换大小写: lower() 和 upper()

在 MySQL 中,可以使用 lower() 函数来将字符串的大写字母转换为小写字母,也可以使用 upper() 函数来将字符串的小写字母转换为大写字母。

▼ 语法:

```
lower(列名)
upper(列名)
```

▼ 举例: lower()

```
select firstname,
       lower(firstname) as 转换为小写
from string_test;
```

运行结果如图 6-26 所示。

firstname	转换为小写
Bill	bill
Mark	mark
Tim	tim
Elon	elon
Larry	larry

图 6-26

▼ 举例: upper()

```
select firstname,
       upper(firstname) as 转换为大写
from string_test;
```

运行结果如图 6-27 所示。

firstname	转换为大写
Bill	BILL
Mark	MARK
Tim	TIM
Elon	ELON
Larry	LARRY

图 6-27

6.3.10 填充字符串: lpad() 和 rpad()

在 MySQL 中,可以使用 lpad() 和 rpad() 这两个函数来补全字符串。如果某个字符串不够指定长度,则可以使用 lpad() 函数在字符串开头补全,使用 rpad() 函数在字符串结尾补全。

▶ **语法:**

```
lpad(列名, length, str)
rpad(列名, length, str)
```

▶ **说明:**

lpad() 函数和 rpad() 函数的参数是相同的。length 是指定长度,str 是填充的字符。

▶ **举例:**

```
select firstname,
       lpad(firstname, 10, '*') as 填充结果
from string_test;
```

运行结果如图 6-28 所示。

firstname	填充结果
Bill	******Bill
Mark	******Mark
Tim	*******Tim
Elon	******Elon
Larry	*****Larry

图 6-28

▶ **分析:**

lpad(firstname, 10, '*') 表示对 firstname 列的字符串进行操作,如果 firstname 列的字符串的长度不足 10,那么会在其开头使用 "*" 填充补全。

在这个例子中,如果将 lpad() 函数改为 rpad() 函数,则运行结果如图 6-29 所示。

firstname	填充结果
Bill	Bill******
Mark	Mark******
Tim	Tim*******
Elon	Elon******
Larry	Larry*****

图 6-29

6.4　时间函数

时间函数，指的是对日期时间类型的数据进行操作的函数。在 MySQL 中，常用的时间函数如表 6-7 所示。

表 6-7　时间函数

函　　数	说　　明
curdate()	获取当前日期
curtime()	获取当前时间
now()	获取当前日期和时间
year()	获取年份，返回 4 位数字
month()	获取月份，返回 1~12 的整数
monthname()	获取月份，返回英文月份名
dayofweek	获取星期，返回 1~7 的整数
dayname()	获取星期，返回英文星期名
dayofmonth()	获取天数，即对应月的第几天
dayofyear()	获取天数，即对应年的第几天
quarter()	获取季度，返回 1~4 的整数

6.4.1　获取当前日期：curdate()

在 MySQL 中，可以使用 curdate() 函数来获取当前日期，返回的格式为 "YYYY-MM-DD" 或 "YYYYMMDD"。

curdate 是 "current date"（当前日期）的缩写。

▼ **语法**：

```
curdate()
```

▼ **说明**：

当前日期除了可以使用 curdate() 函数来获取，还可以使用 current_date() 函数来获取。

▼ **举例**：

```
select curdate();
```

运行结果如图 6-30 所示。

curdate()
2022-02-08

图 6-30

6.4.2　获取当前时间：curtime()

在 MySQL 中，可以使用 curtime() 函数来获取当前时间，返回的格式为 "HH:MM:SS" 或 "HHMMSS"。

curtime 是 "current time"（当前时间）的缩写。

▼ **语法：**

```
curtime()
```

▼ **说明：**

当前时间除了可以使用 curtime() 函数来获取，还可以使用 current_time() 函数来获取。

▼ **举例：**

```
select curtime();
```

运行结果如图 6-31 所示。

curtime()
10:49:17

图 6-31

6.4.3　获取当前日期和时间：now()

在 MySQL 中，可以使用 now() 函数来获取系统当前的日期和时间，返回的格式为 "YYYY-MM-DD HH:MM:SS" 或 "YYYYMMDDHHMMSS"。

▼ **语法：**

```
now()
```

▼ **说明：**

除了 now() 函数之外，current_timestamp()、localtime()、sysdate() 这 3 个函数也可以用

来获取系统当前的日期和时间。

▶ **举例**：

```
select now();
```

运行结果如图 6-32 所示。

now()
2022-02-08 10:50:51

图 6-32

6.4.4　获取年份：year()

在 MySQL 中，可以使用 year() 函数来获取指定日期的年份。

▶ **语法**：

```
year(列名)
```

▶ **说明**：

要使用 year() 函数，要求对应列的数据必须是日期时间类型，而不能是其他类型。

▶ **举例**：

```
select date as 日期,
       year(date) as 年份
from fruit;
```

运行结果如图 6-33 所示。

日期	年份
2022-08-06	2022
2022-10-20	2022
2022-09-01	2022
2022-07-12	2022
2022-09-18	2022
2022-11-24	2022
2022-06-01	2022
2022-08-10	2022
2022-07-28	2022
2022-10-09	2022

图 6-33

6.4.5 获取月份：month() 和 monthname()

在 MySQL 中，可以使用 month() 函数或 monthname() 函数来获取指定日期的月份。

▶ 语法：

```
month(列名)
monthname(列名)
```

▶ 说明：

month() 函数返回的是 1~12 的整数，而 monthname() 函数返回的是月份对应的英文名。

▶ 举例：month()

```
select date as 日期,
       month(date) as 月份
from fruit;
```

运行结果如图 6-34 所示。

日期	月份
2022-08-06	8
2022-10-20	10
2022-09-01	9
2022-07-12	7
2022-09-18	9
2022-11-24	11
2022-06-01	6
2022-08-10	8
2022-07-28	7
2022-10-09	10

图 6-34

▶ 举例：monthname()

```
select date as 日期,
       monthname(date) as 月份
from fruit;
```

运行结果如图 6-35 所示。

日期	月份
2022-08-06	August
2022-10-20	October
2022-09-01	September
2022-07-12	July
2022-09-18	September
2022-11-24	November
2022-06-01	June
2022-08-10	August
2022-07-28	July
2022-10-09	October

图 6-35

6.4.6　获取星期：dayofweek() 和 dayname()

在 MySQL 中，可以使用 dayofweek() 函数或 dayname() 函数来获取指定日期对应的星期。

▶ **语法：**

```
dayofweek(列名)
dayname(列名)
```

▶ **说明：**

dayofweek() 函数返回的是 1~7 的整数，其中，1 表示周日，2 表示周一，……，7 表示周六。dayname() 函数返回的是星期对应的英文名。

此外还有一个 week() 函数，不过 week() 函数返回的是一年内的第几周，该函数用得不多。

▶ **举例：dayofweek()**

```
select date as 日期,
       dayofweek(date) as 星期
from fruit;
```

运行结果如图 6-36 所示。

日期	星期
2022-08-06	7
2022-10-20	5
2022-09-01	5
2022-07-12	3
2022-09-18	1
2022-11-24	5
2022-06-01	4
2022-08-10	4
2022-07-28	5
2022-10-09	1

图 6-36

◤ 举例：dayname()

```
select date as 日期,
       dayname(date) as 星期
from fruit;
```

运行结果如图 6-37 所示。

日期	星期
2022-08-06	Saturday
2022-10-20	Thursday
2022-09-01	Thursday
2022-07-12	Tuesday
2022-09-18	Sunday
2022-11-24	Thursday
2022-06-01	Wednesday
2022-08-10	Wednesday
2022-07-28	Thursday
2022-10-09	Sunday

图 6-37

6.4.7 获取天数：dayofmonth() 和 dayofyear()

在 MySQL 中，可以使用 dayofmonth() 函数来获取指定日期在对应月的第几天，也可以使用 dayofyear() 函数来获取指定日期在对应年的第几天。

◤ 语法：

```
dayofmonth(列名)
dayofyear(列名)
```

◤ 说明：

dayofmonth() 函数返回的是 1~31 的整数，dayofyear() 函数返回的是 1~366 的整数。

◤ 举例：dayofmonth

```
select date as 日期,
       dayofmonth(date) as 该月第几天
from fruit;
```

运行结果如图 6-38 所示。

日期	该月第几天
2022-08-06	6
2022-10-20	20
2022-09-01	1
2022-07-12	12
2022-09-18	18
2022-11-24	24
2022-06-01	1
2022-08-10	10
2022-07-28	28
2022-10-09	9

图 6-38

▶ **举例**：dayofyear()

```
select date as 日期,
       dayofyear(date) as 该年第几天
from fruit;
```

运行结果如图 6-39 所示。

日期	该年第几天
2022-08-06	218
2022-10-20	293
2022-09-01	244
2022-07-12	193
2022-09-18	261
2022-11-24	328
2022-06-01	152
2022-08-10	222
2022-07-28	209
2022-10-09	282

图 6-39

6.4.8 获取季度：quarter()

在 MySQL 中，我们可以使用 quarter() 函数来获取指定日期对应的季度。

▶ **语法**：

```
quarter(date)
```

▼ 说明：

quarter() 函数返回的是 1~4 的整数，其中，1 表示第 1 季度，2 表示第 2 季度，以此类推。

▼ 举例：

```
select date as 日期,
       quarter(date) as 季度
from fruit;
```

运行结果如图 6-40 所示。

日期	季度
2022-08-06	3
2022-10-20	4
2022-09-01	3
2022-07-12	3
2022-09-18	3
2022-11-24	4
2022-06-01	2
2022-08-10	3
2022-07-28	3
2022-10-09	4

图 6-40

6.5　排名函数（属于窗口函数）

排名和排序类似，不过它们之间有一定的区别：排名会新增一个列，用于表示名次情况。在 MySQL 中，排名函数（属于窗口函数）有以下 3 种。

- rank()。
- row_number()。
- dense_rank()。

6.5.1　rank()

在 MySQL 中，rank() 函数是用来给某一列的排序结果添加名次的。不过使用 rank() 函数获取的排名是跳跃的，比如有 4 名学生，第 1 名有两个，那么名次就是：1、1、3、4。

▼ 语法：

```
rank() over(
    partition by 列名
```

```
    order by 列名 asc或desc
)
```

▶ 说明：

partition by 表示根据某一列对结果进行分组，order by 表示根据某一列进行排名。其中 partition by 是可选的，如果不需要分组，就不需要用到 partition by。

▶ 举例：只有排名

```
select name as 名称,
       price as 售价,
       rank() over(order by price desc) as 排名
from fruit;
```

运行结果如图 6-41 所示。

名称	售价	排名
山竹	40.0	1
葡萄	27.3	2
梨子	13.9	3
苹果	12.6	4
橘子	11.9	5
菠萝	11.9	5
香瓜	8.8	7
哈密瓜	7.5	8
柿子	6.4	9
西瓜	4.5	10

图 6-41

▶ 分析：

这个例子根据 price 这一列进行降序排列后添加名次。从运行结果可以看出，第 5 名其实有两个，因此后面就没有第 6 名，而是直接跳到第 7 名。

▶ 举例：加上分组

```
select type as 类型,
       name as 名称,
       price as 售价,
       rank() over(partition by type order by price desc) as 排名
from fruit;
```

运行结果如图 6-42 所示。

类型	名称	售价	排名
仁果	山竹	40.0	1
仁果	梨子	13.9	2
仁果	苹果	12.6	3
浆果	葡萄	27.3	1
浆果	橘子	11.9	2
浆果	柿子	6.4	3
瓜果	菠萝	11.9	1
瓜果	香瓜	8.8	2
瓜果	哈密瓜	7.5	3
瓜果	西瓜	4.5	4

图 6-42

▶ **分析**：

这个例子先根据 type 这一列进行分组，然后对每一组中的 price 这一列进行降序排列，排好序之后再添加名次。

6.5.2　row_number()

在 MySQL 中，row_number() 函数是用来给某一列的排序结果添加行号的。这一点从函数名称上就可以看出来，row number 的意思就是"行数字"。

比如有 4 名学生，第 1 名有两个，那么行号只会有一种情况：1、2、3、4。

▶ **语法**：

```
row_number() over(
    partition by 列名
    order by 列名 asc或desc
)
```

▶ **说明**：

partition by 表示根据某一列对结果进行分组，而 order by 表示根据某一列进行排序。其中 partition by 是可选的，如果不需要分组，就不需要用到 partition by。

row_number() 和 rank() 这两个的语法是一样的，小伙伴们可以对比理解。

▶ **举例**：

```
select name as 名称,
       price as 售价,
       row_number() over(order by price desc) as 行号
from fruit;
```

运行结果如图 6-43 所示。

名称	售价	行号
山竹	40.0	1
葡萄	27.3	2
梨子	13.9	3
苹果	12.6	4
橘子	11.9	5
菠萝	11.9	6
香瓜	8.8	7
哈密瓜	7.5	8
柿子	6.4	9
西瓜	4.5	10

图 6-43

▶ **分析：**

这个例子根据 price 这一列进行降序排列后添加行号。rank() 和 row_number() 这两个函数都是先对列进行排序，排好序之后，rank() 函数是添加名次，而 row_number() 函数是添加行号。

我们可以把 rank() 函数和 row_number() 函数放到同一个例子中进行对比，具体如下。

▶ **举例：对比**

```
select name as 名称,
       price as 售价,
       rank() over(order by price desc) as 排名,
       row_number() over(order by price desc) as 行号
from fruit;
```

运行结果如图 6-44 所示。

名称	售价	排名	行号
山竹	40.0	1	1
葡萄	27.3	2	2
梨子	13.9	3	3
苹果	12.6	4	4
橘子	11.9	5	5
菠萝	11.9	5	6
香瓜	8.8	7	7
哈密瓜	7.5	8	8
柿子	6.4	9	9
西瓜	4.5	10	10

图 6-44

▼ 分析：

从运行结果可以清楚看出 rank() 和 row_number() 这两个函数的区别：使用 rank() 函数获取的排名是跳跃的，可能会出现相同的名次；使用 row_number() 函数获取的排名是连续的，不会出现相同的行号。

▼ 举例：加上分组

```
select type as 类型,
       name as 名称,
       price as 售价,
       row_number() over(partition by type order by price desc) as 行号
from fruit;
```

运行结果如图 6-45 所示。

类型	名称	售价	行号
仁果	山竹	40.0	1
仁果	梨子	13.9	2
仁果	苹果	12.6	3
浆果	葡萄	27.3	1
浆果	橘子	11.9	2
浆果	柿子	6.4	3
瓜果	菠萝	11.9	1
瓜果	香瓜	8.8	2
瓜果	哈密瓜	7.5	3
瓜果	西瓜	4.5	4

图 6-45

▼ 分析：

这个例子先根据 type 这一列进行分组，然后对每一组中的 price 列进行排序，排好序之后再添加行号。

6.5.3　dense_rank()

dense_rank() 函数结合了 rank() 函数和 row_number() 函数的特点，使用它获取的排名是连续不间断的。比如有 4 名学生，第 1 名有两个，那么名次是：1、1、2、3。

▼ 语法：

```
dense_rank() over(
    partition by 列名
```

```
    order by 列名 asc或desc
)
```

▼ 说明：

partition by 表示根据某一列对结果进行分组，而 order by 表示根据某一列进行排序。其中 partition by 是可选的，如果不需要分组，就不需要用到 partition by。

▼ 举例：

```
select name as 名称,
        price as 售价,
        dense_rank() over(order by price desc) as 序号
from fruit;
```

运行结果如图 6-46 所示。

名称	售价	序号
山竹	40.0	1
葡萄	27.3	2
梨子	13.9	3
苹果	12.6	4
橘子	11.9	5
菠萝	11.9	5
香瓜	8.8	6
哈密瓜	7.5	7
柿子	6.4	8
西瓜	4.5	9

图 6-46

▼ 分析：

这个例子根据 price 这一列进行降序排列后添加序号。我们可以把 rank()、row_number()、dense_rank() 这 3 个函数放到同一个例子中进行对比，具体如下。

▼ 举例：对比

```
select name as 名称,
        price as 售价,
        rank() over(order by price desc) as 排名,
        row_number() over(order by price desc) as 行号,
        dense_rank() over(order by price desc) as 序号（连续）
from fruit;
```

运行结果如图 6-47 所示。

名称	售价	排名	行号	序号（连续）	
山竹	40.0	1	1	1
葡萄	27.3	2	2	2
梨子	13.9	3	3	3
苹果	12.6	4	4	4
橘子	11.9	5	5	5
菠萝	11.9	5	6	5
香瓜	8.8	7	7	6
哈密瓜	7.5	8	8	7
柿子	6.4	9	9	8
西瓜	4.5	10	10	9

图 6-47

6.6 加密函数

在实际开发中，有些数据是非常重要的（如用户的密码），我们不能以"明文"的形式将其存到数据库里面，而需要将其加密后再保存。在 MySQL 中，常用的加密函数有两个，如表 6-8 所示。

表 6-8 加密函数

函 数	说 明
md5()	使用 MD5 算法加密
sha1()	使用 SHA1 算法加密

需要注意的是，password() 函数在 MySQL 的最新版本中已经被移除了。

6.6.1 md5()

在 MySQL 中，md5() 函数使用 MD5 算法来对字符串进行加密。MD5 算法是应用非常广泛的一种算法，并且由它实现的加密是不可逆的。

▶ 语法：

md5(列名)

▶ 说明：

如果列值为 null，那么 md5() 函数会直接返回 null，而不会对其进行加密。

▶ **举例：**

```
select name, md5(name)
from fruit;
```

运行结果如图 6-48 所示。

name	md5(name)
葡萄	05b1b3102be250f2a6fadf800f8ad8b6
柿子	02590a70e1338197e35f04fa44bc8363
橘子	8130753d07bd57230aa3e1023696129e
山竹	2fd66b90bebd5b6b0b76460423ad1e95
苹果	e6803e21b9c61f9ab3d04088638cecd2
梨子	12eda3af785637a1c4447a25f1561130
西瓜	b9af3fd5d3ec98dd470a54ddf393eada
菠萝	4993e606341ad31babce44dc75682b52
香瓜	4623e9eb956a460c2dbdd9ccd486f1f0
哈密瓜	e04b3e3830d76d05ca61db654635086f

图 6-48

6.6.2   sha1()

在 MySQL 中，sha1() 函数使用 SHA1 算法来对字符串进行加密。SHA1 算法比 MD5 算法更加安全，由 SHA1 实现的加密也是不可逆的。

▶ **语法：**

```
sha1(列名)
```

▶ **说明：**

如果列值为 null，那么 sha1() 函数会直接返回 null，而不会对其进行加密。

▶ **举例：**

```
select name, sha1(name)
from fruit;
```

运行结果如图 6-49 所示。

name	sha1(name)
葡萄	df9eaffa238be82009105fb86d2551bb6b330b81
柿子	3c633649003e08fa514e1219df5ad633edd5ea94
橘子	69b2e07c66c7acb992ad64553773f93847d33e26
山竹	2f06bf809a38324d0e23168a2c1c6236e5224a4a
苹果	b38d961e7096a459849c6e00e388581efca2f58b
梨子	797d7d0f57f7e9d5fdedf21f9a00539923020529
西瓜	6a589fa617df5e3337e051f98e1c650849af2372
菠萝	bf705b12773d062d6f6ddc2f1c4f47a1928bb5b3
香瓜	5cc24daa3b9a021b75770bd315b071aeddf44ca1
哈密瓜	982cd1c81b78f5ac4d635b50f1b545ae848f4ba7

图 6-49

6.7 系统函数

在 MySQL 中，系统函数主要用于获取当前数据库的信息。常用的系统函数有 4 个，如表 6-9 所示。

表 6-9 系统函数

函　　数	说　　明
database()	获取数据库的名称
version()	获取当前数据库的版本号
user()	获取当前用户名
connection_id()	获取当前连接 id

▶ 举例：

```
select database() as 数据库名,
       version() as 版本号,
       user() as 用户名,
       connection_id() as 连接id;
```

运行结果如图 6-50 所示。

数据库名	版本号	用户名	连接id
lvye	8.0.19	root@localhost	627

图 6-50

6.8 其他函数

除了前面介绍的函数之外，MySQL 还有一些比较常用的函数，如表 6-10 所示。

表 6-10 其他函数

函　　数	说　　明
cast()	类型转换
if()	条件判断
ifnull()	条件判断，判断是否为 null

6.8.1 cast()

在 MySQL 中，可以使用 cast() 函数来实现类型转换。类型转换指的是将一种数据类型转换为另一种数据类型。

▶ **语法：**

```
cast(列名 as type)
```

▶ **说明：**

type 是一个类型名。转换的类型是有限制的，cast() 函数支持的类型如表 6-11 所示。

表 6-11 cast() 函数支持的类型

类　　型	说　　明
signed	整数（有符号）
unsigned	整数（无符号）
decimal	小数（定点数）
char	字符串
date	日期
time	时间
datetime	日期时间
binary	二进制

▌ **举例：**

```
select name as 名称,
       cast(price as signed) as 售价
from fruit;
```

运行结果如图 6-51 所示。

名称	售价
葡萄	27
柿子	6
橘子	12
山竹	40
苹果	13
梨子	14
西瓜	5
菠萝	12
香瓜	9
哈密瓜	8

图 6-51

▌ **分析：**

price 列原来的类型是 decimal（小数），cast(price as signed) 表示将 price 列的类型转换成 signed（整数）。

6.8.2 if()

在 MySQL 中，可以使用 if() 函数来对某一列的值进行条件判断。

▌ **语法：**

```
if(条件，值1，值2)
```

▌ **说明：**

如果条件为 true（真），就返回"值 1"；如果条件为 false（假），就返回"值 2"。

▌ **举例：**

```
select name as 名称,
       if(price >= 20, '高价', '一般') as 评级
from fruit;
```

运行结果如图 6-52 所示。

名称	评级
葡萄	高价
柿子	一般
橘子	一般
山竹	高价
苹果	一般
梨子	一般
西瓜	一般
菠萝	一般
香瓜	一般
哈密瓜	一般

图 6-52

▶ **分析：**

if(price>=20, ' 高价 ', ' 一般 ') 表示如果 price 大于或等于 20，就返回"高价"；如果 price 小于 20，就返回"一般"。

6.8.3   ifnull()

在 MySQL 中，可以使用 ifnull() 函数来判断某一列的值是否为 null。ifnull() 函数非常有用，它可以将某一列的 null 值替换为其他值。

▶ **语法：**

```
ifnull(列名，新值)
```

▶ **说明：**

如果某一列的值不为 null，就显示原值。如果某一列的值为 null，就显示新值。

▶ **举例：**

```
select name as 名称,
       ifnull(type, '未知') as 类型
from fruit_miss;
```

运行结果如图 6-53 所示。

名称	类型
葡萄	浆果
柿子	浆果
橘子	未知
山竹	未知
苹果	仁果
梨子	仁果
西瓜	未知
菠萝	瓜果
香瓜	瓜果
哈密瓜	瓜果

图 6-53

▶ **分析：**

ifnull(type, ' 未知 ') 表示如果 type 的值为 null，则使用"未知"来代替 null。

6.9 本章练习

单选题

1. 如果想要获取字符串的长度，则可以使用（   ）函数来实现。

   A. count()   B. len()   C. length()   D. sum()

2. 如果想要同时去除字符串首尾的空格，则可以使用（   ）函数来实现。

   A. trim()   B. ltrim()   C. concat()   D. substring()

3. 如果想要将 price 这一列的数据类型转换为字符串，则可以使用（   ）来实现。

   A. cast(price as char)   B. price + "

   C. str(price)   D. string(price)

4. 如果想要返回指定日期在当月的第几天，则可以使用（   ）函数。

   A. month()   B. monthname()   C. dayofmonth()   D. dayname()

5. 假如有4名学生，第1名有两个，如果使用rank()函数添加名次，那么得到的名次是（   ）。

   A. 1、2、3、4   B. 1、1、3、4   C. 1、1、2、3   D. 1、2、2、3

6. 下面关于内置函数的说法中，正确的是（   ）。

   A. 所有 DBMS（包括 MySQL、SQL Server 等）的内置函数都是一样的

   B. 内置函数需要用户自己定义之后才能使用

   C. 字符串函数只能用于字符串列，而不能用于数值列

   D. 可以使用 floor() 函数来实现向上取整

第 7 章

数据修改

7.1 数据修改简介

在 MySQL 中，数据的操作主要分为两大类：① 查询操作；② 修改操作。前面介绍的都是查询操作，其实也就是"select 语句"。

在 MySQL 中，修改操作主要有 3 种语句，如表 7-1 所示。需要清楚的是，这 3 种语句都用于对表数据进行修改。

表 7-1　修改操作语句

语　句	说　明
insert	增加数据
delete	删除数据
update	更新数据

MySQL 最常用的操作有 4 种：增、删、改、查。其实细心的小伙伴可能会发现，很多数据结构（如数组、集合等）都有这 4 种操作。了解了这一点，可以让我们的学习思路会更加清晰。

7.2 插入数据：insert

7.2.1 insert 语句

在 MySQL 中，可以使用 insert 语句来往一个表中插入数据。插入数据也就是"增加数据"。

▶ 语法:

```
insert into 表名(列1, 列2, ..., 列n)
values(值1, 值2, ..., 值n);
```

▶ 说明:

insert 语句由两部分组成: insert into 子句和 values 子句。需要特别注意的是, insert into 子句和 select 子句不一样, 它是不可以单独使用的。

在某些情况下, insert 后面的 into 关键字是可以省略的。但是在实际开发中, 我们并不推荐这样去做。

▶ 举例: 插入一行数据

```
-- 插入数据
insert into employee(id, name, sex, age, title)
values(6, '露西', '女', 22, '产品经理');

-- 查看表
select * from employee;
```

运行结果如图 7-1 所示。

id	name	sex	age	title
1	张亮	男	36	前端工程师
2	李红	女	24	UI设计师
3	王莉	女	27	平面设计师
4	张杰	男	40	后端工程师
5	王红	女	32	游戏设计师
6	露西	女	22	产品经理

图 7-1

▶ 分析:

这个例子其实同时执行了两条 SQL 语句: 一条是 insert 语句, 另一条是 select 语句。先使用 insert 语句插入一行数据, 然后使用 select 语句查看插入数据之后的表的情况。如果要同时执行多条 SQL 语句, 则必须在每一条 SQL 语句的最后都加上英文分号, 否则会无法正确执行。

由于 name、sex、title 这几列的数据类型是字符串, 所以插入的数据需要用引号(英文单引号或英文双引号都可以)引起来。而数值类型的数据则不需要用引号引起来。

将列名放在 "()" 之内, 然后列名与列名之间使用英文逗号分隔, 这种形式叫作 "列清单"(column list)。而将值放在 "()" 之内, 然后值与值之间使用英文逗号分隔, 这种形式叫作 "值清单"(value list)。

本例其实对所有列都插入了数据, 所以表名后面的列清单是可以省略的。此时 values 子句的值会按照从左到右的顺序被赋给每一列。对于这个例子来说，下面两种方式是等价的。

```
-- 不省略列清单
insert into employee(id, name, sex, age, title)
values(6, '露西', '女', 22, '产品经理');
```

```
-- 省略列清单
insert into employee
values(6, '露西', '女', 22, '产品经理');
```

▶ 举例：插入多行数据

```
-- 插入数据
insert into employee(id, name, sex, age, title)
values
(7, '杰克', '男', 25, 'Android工程师'),
(8, '汤姆', '男', 42, 'iOS工程师'),
(9, '莉莉', '女', 22, '需求分析师');
```

```
-- 查看表
select * from employee;
```

运行结果如图 7-2 所示。

id	name	sex	age	title
1	张亮	男	36	前端工程师
2	李红	女	24	UI设计师
3	王莉	女	27	平面设计师
4	张杰	男	40	后端工程师
5	王红	女	32	游戏设计师
6	露西	女	22	产品经理
7	杰克	男	25	Android工程师
8	汤姆	男	42	iOS工程师
9	莉莉	女	22	需求分析师

图 7-2

▶ 分析：

如果想要往一个表中同时插入多行数据，那么只需要在 values 子句中使用多个列清单就可以了，列清单之间也要使用英文逗号分隔。

7.2.2　特殊情况

接下来带小伙伴们深入了解一下 insert 语句的一些特殊情况，主要包括两个方面：顺序不一致与插入部分字段。

1. 顺序不一致

在插入数据时，insert into 子句中字段名的顺序可以和表原来的字段名的顺序不一致，但是 values 子句中值的顺序一定要和 insert into 子句中的字段名一一对应。

▶ **举例：**

```
-- 插入数据
insert into employee (title, age, sex, name, id)
values('游戏设计师', 35, '男', '亚伦', 10);

-- 查看表
select * from employee;
```

运行结果如图 7-3 所示。

id	name	sex	age	title
1	张亮	男	36	前端工程师
2	李红	女	24	UI设计师
3	王莉	女	27	平面设计师
4	张杰	男	40	后端工程师
5	王红	女	32	游戏设计师
6	露西	女	22	产品经理
7	杰克	男	25	Android工程师
8	汤姆	男	42	iOS工程师
9	莉莉	女	22	需求分析师
10	亚伦	男	35	游戏设计师

图 7-3

▶ **分析：**

上面这种方式比较灵活。在实际开发中，我们一般是不太清楚表字段原来的顺序的，所以更多是使用上面这种方式来往一个表中插入数据。

2. 插入部分字段

在实际开发中，有时只需要针对某几个字段插入数据，而其他字段都采用默认值。

▶ **举例：**

```
-- 插入数据
insert into employee (id, name)
values(11, '安妮');

-- 查看表
select * from employee;
```

运行结果如图 7-4 所示。

id	name	sex	age	title
1	张亮	男	36	前端工程师
2	李红	女	24	UI设计师
3	王莉	女	27	平面设计师
4	张杰	男	40	后端工程师
5	王红	女	32	游戏设计师
6	露西	女	22	产品经理
7	杰克	男	25	Android工程师
8	汤姆	男	42	iOS工程师
9	莉莉	女	22	需求分析师
10	亚伦	男	35	游戏设计师
11	安妮	(Null)	(Null)	(Null)

图 7-4

▶ 分析：

如果字段设置了默认值，就会使用默认值。如果字段没有设置默认值，就会把 null 作为值。

7.2.3　replace 语句

我们都知道，主键的值具有唯一性。如果针对一个表中已经存在值的主键插入数据，会发生什么呢？

▶ 举例：

```
-- 插入数据
insert into employee(id, name, sex, age, title)
values (1, '张亮', '男', 36, 'Python工程师');

-- 查看表
select * from employee;
```

运行结果如图 7-5 所示。

```
> 1064 - You have an error in your SQL syntax; check the manual that
corresponds to your MySQL server version for the right syntax to use
near 'select * from employee' at line 6
> 时间: 0.036s
```

图 7-5

▼ **分析**：

从运行结果可以看出，MySQL 直接报错了。为什么会这样呢？这是因为 id 是 employee 表的主键，表中已经存在了一行 id 为 1 的数据了，如果再往表中插入一行 id 为 1 的数据，此时就出现了两行 id 为 1 的数据，这是有问题的。因为在同一个表中，主键的值是不允许重复的。

如果想要解决上面的问题，其实也非常简单，那就是使用 replace 语句替代 insert 语句。在 MySQL 中，如果待插入的数据中包含与已有数据的主键值相同的主键值或 unique 列值，那么使用 insert 语句将无法成功插入，而只有使用 replace 语句才行。

▼ **举例**：

```
-- 插入数据
replace into employee(id, name, sex, age, title)
values (1, '张亮', '男', 36, 'Python工程师');

-- 查看表
select * from employee;
```

运行结果如图 7-6 所示。

id	name	sex	age	title
1	张亮	男	36	Python工程师
2	李红	女	24	UI设计师
3	王莉	女	27	平面设计师
4	张杰	男	40	后端工程师
5	王红	女	32	游戏设计师
6	露西	女	22	产品经理
7	杰克	男	25	Android工程师
8	汤姆	男	42	iOS工程师
9	莉莉	女	22	需求分析师
10	亚伦	男	35	游戏设计师
11	安妮	(Null)	(Null)	(Null)

图 7-6

▼ **分析**：

插入的数据会覆盖已经存在的数据，这相当于对原来的数据进行了修改。如果只是为了修改数据，那么并不建议使用 replace 语句，而建议使用下一节介绍的 update 语句。

7.3 更新数据：update

在 MySQL 中，可以使用 update 语句来对一个表的数据进行更新。更新数据指的是对已有的数据进行修改。

▌ **语法：**

```
update 表名
set 列名 = 值;
```

▌ **说明：**

update 语句由两部分组成：update 子句和 set 子句。其中，set 子句用于为某一列设置一个新值。使用 update 语句时一般需要用 where 子句来指定判断条件。

在开始学习之前，我们先来确认一下 employee 表的数据是怎样的，如图 7-7 所示。

id	name	sex	age	title
1	张亮	男	36	Python工程师
2	李红	女	24	UI设计师
3	王莉	女	27	平面设计师
4	张杰	男	40	后端工程师
5	王红	女	32	游戏设计师
6	露西	女	22	产品经理
7	杰克	男	25	Android工程师
8	汤姆	男	42	iOS工程师
9	莉莉	女	22	需求分析师
10	亚伦	男	35	游戏设计师
11	安妮	(Null)	(Null)	(Null)

图 7-7

▌ **举例：不使用 where 子句**

```
-- 修改数据
update employee
set title = '技术总监';

-- 查看表
select * from employee;
```

运行结果如图 7-8 所示。

id	name	sex	age	title
1	张亮	男	36	技术总监
2	李红	女	24	技术总监
3	王莉	女	27	技术总监
4	张杰	男	40	技术总监
5	王红	女	32	技术总监
6	露西	女	22	技术总监
7	杰克	男	25	技术总监
8	汤姆	男	42	技术总监
9	莉莉	女	22	技术总监
10	亚伦	男	35	技术总监
11	安妮	(Null)	(Null)	技术总监

图 7-8

分析：

在这个例子中，set title='技术总监'表示将 title 这一列的**所有**数据都修改为“技术总监”。也就是说，如果没有使用 where 子句来指定条件，那么 set 子句会修改某一列的所有数据。

举例：使用 where 子句

```
-- 修改数据
update employee
set age = 40
where name = '张亮';

-- 查看表
select * from employee;
```

运行结果如图 7-9 所示。

id	name	sex	age	title
1	张亮	男	40	技术总监
2	李红	女	24	技术总监
3	王莉	女	27	技术总监
4	张杰	男	40	技术总监
5	王红	女	32	技术总监
6	露西	女	22	技术总监
7	杰克	男	25	技术总监
8	汤姆	男	42	技术总监
9	莉莉	女	22	技术总监
10	亚伦	男	35	技术总监
11	安妮	(Null)	(Null)	技术总监

图 7-9

分析：

如果使用了 where 子句，那么就只会对满足条件的行进行修改。在实际开发中，一般情况下都是需要使用 where 子句来指定条件的。

举例：修改多列

```
-- 修改数据
update employee
set age = age + 10,
    title = '销售经理'
where name = '李红';

-- 查看表
select * from employee;
```

运行结果如图 7-10 所示。

id	name	sex	age	title
1	张亮	男	40	技术总监
2	李红	女	34	销售经理
3	王莉	女	27	技术总监
4	张杰	男	40	技术总监
5	王红	女	32	技术总监
6	露西	女	22	技术总监
7	杰克	男	25	技术总监
8	汤姆	男	42	技术总监
9	莉莉	女	22	技术总监
10	亚伦	男	35	技术总监
11	安妮	(Null)	(Null)	技术总监

图 7-10

▶ 分析：

如果想要同时修改多列，则"列名=值"与"列名=值"之间需要使用英文逗号分隔。当然，set 子句中的列不仅可以是两列，也可以是 3 列或更多列，小伙伴们可以自行去尝试一下。

▶ 举例：设置值为 null

```
-- 修改数据
update employee
set title = null
where name = '王莉';

-- 查看表
select * from employee;
```

运行结果如图 7-11 所示。

id	name	sex	age	title
1	张亮	男	40	技术总监
2	李红	女	34	销售经理
3	王莉	女	27	(Null)
4	张杰	男	40	技术总监
5	王红	女	32	技术总监
6	露西	女	22	技术总监
7	杰克	男	25	技术总监
8	汤姆	男	42	技术总监
9	莉莉	女	22	技术总监
10	亚伦	男	35	技术总监
11	安妮	(Null)	(Null)	技术总监

图 7-11

▶ **分析：**

和 insert 语句一样，update 语句也可以将 null 作为一个值来使用。

7.4　删除数据：delete

7.4.1　delete 语句

在 MySQL 中，可以使用 delete 语句来删除一个表中的部分或全部数据。

▶ **语法：**

```
delete from 表名
where 条件;
```

▶ **说明：**

delete 语句由两部分组成：delete from 子句和 where 子句。其中，where 子句是可选的，它用于指定删除的条件。

如果省略 where 子句，那么表示删除所有数据，也就是清空整个表。在实际开发中，一般都需要使用 where 子句来指定条件。

在开始学习之前，我们先来确认一下 employee 表中的数据是怎样的，如图 7-12 所示。

id	name	sex	age	title
1	张亮	男	40	技术总监
2	李红	女	34	销售经理
3	王莉	女	27	(Null)
4	张杰	男	40	技术总监
5	王红	女	32	技术总监
6	露西	女	22	技术总监
7	杰克	男	25	技术总监
8	汤姆	男	42	技术总监
9	莉莉	女	22	技术总监
10	亚伦	男	35	技术总监
11	安妮	(Null)	(Null)	技术总监

图 7-12

▶ **举例：删除一行数据**

```
-- 删除数据
delete from employee
where name = '安妮';
```

```
-- 查看表
select * from employee;
```

运行结果如图 7-13 所示。

id	name	sex	age	title
1	张亮	男	40	技术总监
2	李红	女	34	销售经理
3	王莉	女	27	(Null)
4	张杰	男	40	技术总监
5	王红	女	32	技术总监
6	露西	女	22	技术总监
7	杰克	男	25	技术总监
8	汤姆	男	42	技术总监
9	莉莉	女	22	技术总监
10	亚伦	男	35	技术总监

图 7-13

▶ **分析:**

这里执行了两条 SQL 语句: 一条是 delete 语句, 用于删除 name 值为 "安妮" 的这一行数据; 另一条是 select 语句, 用于查看删除完成之后表的数据情况。

▶ **举例: 删除多行数据**

```
-- 删除数据
delete from employee
where name in ('汤姆', '莉莉', '亚伦');
```

```
-- 查询表
select * from employee;
```

运行结果如图 7-14 所示。

id	name	sex	age	title
1	张亮	男	40	技术总监
2	李红	女	34	销售经理
3	王莉	女	27	(Null)
4	张杰	男	40	技术总监
5	王红	女	32	技术总监
6	露西	女	22	技术总监
7	杰克	男	25	技术总监

图 7-14

▶ **分析:**

如果想要同时删除多行数据, 可以使用 in 运算符来实现。对于这个例子来说, 下面两种方式是等价的。

```
-- 方式1
delete from employee
where name in ('汤姆', '莉莉', '亚伦');

-- 方式2
delete from employee
where name = '汤姆' or name = '莉莉' or name = '亚伦';
```

在 where 子句中，也可以使用其他的判断条件，比如 where age>30。

▶ 举例：

```
-- 删除数据
delete from employee
where age > 30;

-- 查看表
select * from employee;
```

运行结果如图 7-15 所示。

id	name	sex	age	title
3	王莉	女	27	(Null)
6	露西	女	22	技术总监
7	杰克	男	25	技术总监

图 7-15

▶ 分析：

上面的例子表示删除 employee 表中 age 大于 30 的所有记录。

delete 语句中只能使用 where 子句，而不能使用 order by、group by、having 这 3 种子句。原因很简单，order by 子句是用于对查询结果进行排序的，而 group by 子句和 having 子句是用于对查询结果进行分组处理的，它们对于删除数据没有意义。

7.4.2 深入了解

如果想要一次性删除某个表中的所有数据，有两种方式可以实现：一种是使用 delete 语句，另一种是使用 truncate table 语句。

```
-- 方式1
delete from employee;

-- 方式2
truncate table employee;
```

当 delete 语句不使用 where 子句来限定条件时，会把表中的所有数据都删除。而使用 truncate table 语句则是直接清空表中的所有数据。delete 语句和 truncate table 语句都可以用于删除表中的所有数据，但是两者之间还是有一定区别的，包括以下 4 点。

▶ delete 语句属于数据操纵语句，而 truncate table 语句属于数据定义语句。

▶ delete 语句可以使用 where 子句指定条件，从而实现删除部分数据。而 truncate table 语句只能用于删除所有数据。

▶ 使用 delete 语句是逐行进行删除，并且每删除一行数据就在日志里记录一次。而使用 truncate table 语句则是一次性删除所有行，并且不在日志里记录，只记录整个数据页的释放操作。所以使用 truncate table 语句时处理速度更快、性能更好，并且使用的系统和事务日志资源更少。

▶ 使用 delete 语句删除数据之后，再次往表中添加数据时，自增字段的值为删除数据时该字段的最大值加 1。使用 truncate table 语句删除数据之后，再次往表中添加数据时，自增字段的值被重置为 1。

为了方便后面的学习，我们需要把 employee 表的数据还原。只需要执行下面 3 条 SQL 语句即可，其运行结果如图 7-16 所示。

```
-- 清空表
truncate table employee;

-- 插入数据
insert into employee
values
(1, '张亮', '男', 36, '前端工程师'),
(2, '李红', '女', 24, 'UI设计师'),
(3, '王莉', '女', 27, '平面设计师'),
(4, '张杰', '男', 40, '后端工程师'),
(5, '王红', '女', 32, '室内设计师');

-- 查看表
select * from employee;
```

id	name	sex	age	title
1	张亮	男	36	前端工程师
2	李红	女	24	UI设计师
3	王莉	女	27	平面设计师
4	张杰	男	40	后端工程师
5	王红	女	32	室内设计师

图 7-16

最后需要说明的是，本章介绍的 insert、update、delete 这 3 种语句不仅可以用于操作表，还可以用于操作视图。对于视图的使用，"第 11 章 视图"将会详细介绍。

7.5 本章练习

一、单选题

1. 如果想要删除表中的所有数据（不能删除表），并且要求效率最高，此时应该使用（　　）。

    A. truncate table 语句　　　　　　　　B. drop table 语句

    C. delete 语句　　　　　　　　　　　　D. alter 语句

2. 在 MySQL 中，能对表中的数据进行修改操作的语句不包括（　　）。

    A. create table 语句　　　　　　　　　B. insert 语句

    C. delete 语句　　　　　　　　　　　　D. update 语句

3. 如果想要插入的数据的主键值已经存在，那么此时可以使用（　　）来解决。

    A. insert 语句　　　　　　　　　　　　B. replace 语句

    C. delete 语句　　　　　　　　　　　　D. select 语句

4. delete from fruit where type=' 浆果 '; 这条语句表示（　　）。

    A. 只能删除 type=' 浆果 ' 的一行数据

    B. 删除 type=' 浆果 ' 的所有数据

    C. 只能删除 type=' 浆果 ' 的最后一行数据

    D. 以上说法都不对

5. 往一个表中插入数据时，如果不指定列名，那么下列说法中正确的是（　　）。

    A. 值的顺序必须要与表中列的顺序一致

    B. 值的顺序可以与表中列的顺序相反

    C. 值的顺序可以任意指定

    D. 以上说法都不对

6. 下面关于数据操纵语句的说法中，不正确的是（　　）。

    A. 如果没有 where 子句，delete 语句会把所有数据都删除

    B. 如果没有 where 子句，update 语句会作用于整列中的所有数据

    C. 使用 insert 语句插入数据时，可以不指定列名

    D. 使用 insert 语句一次只能往表中插入一行数据

二、多选题

（选两项）如果想要将 fruit 表中 id 为"5"的水果的 price 增加 10，那么下列 SQL 代码中正确的是（　　）。

A.
```
update fruit
set price += 10
where id = 5;
```

B.
```
update fruit
set price = price + 10
where id = 5;
```

C.
```
alter table fruit
set price += 10
where id = 5;
```

D.
```
alter table fruit
set price = price + 10
where id = 5;
```

三、问答题

请简述一下 delete 语句和 truncate table 语句的区别。

第 8 章

表的操作

8.1 表的操作简介

前面介绍的都是数据操纵语句，主要有 4 种：select（查）、insert（增）、delete（删）、update（改）。本章将介绍数据定义语句，主要有 3 种，如表 8-1 所示。

表 8-1　数据定义语句

语　　句	说　　明
create table	创建表
drop table	删除表
alter table	修改表

数据操纵语句主要用于对表中的"数据"进行增删查改操作，而数据定义语句主要用于对"表"进行创建、删除或修改操作，这两种语句的操作对象是不一样的。

8.2 数据库的操作

在 MySQL 中，数据库的操作主要包含以下 4 个方面。

▶ **创建数据库**。
▶ **查看数据库**。
▶ **修改数据库**。
▶ **删除数据库**。

8.2.1　创建数据库

在创建表之前，需要先创建用来存储表的"数据库"。在 MySQL 中，可以使用 create database 语句或 create schema 语句来创建一个数据库。

▶ 语法：

```
create database 数据库名;
```

▶ 说明：

创建一个数据库有两种方式：一种是使用 SQL 语句，另一种是使用软件。比如在"1.4 使用 Navicat for MySQL"这一节中，我们就使用软件的方式创建了一个名为"lvye"的数据库。

▶ 举例：

```
create database test;
```

运行结果如图 8-1 所示。

```
> OK
> 时间: 0.022s
```

图 8-1

▶ 分析：

当运行结果中有"OK"时，就表示成功创建了一个名为"test"的数据库。对于这个例子来说，下面两种方式是等价的。

```
-- 方式1
create database test;

-- 方式2
create schema test;
```

执行代码之后，Navicat for MySQL 并不能立即显示 test 这个数据库，需要刷新当前连接它才能会显示出来。先选中【mysql】，单击鼠标右键并选择【刷新】，如图 8-2 所示；此时刚刚创建的 test 数据库就显示出来了，如图 8-3 所示。

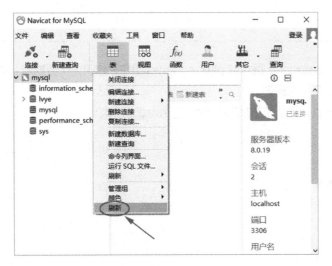

图 8-2

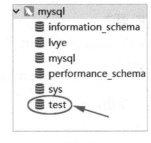

图 8-3

8.2.2 查看数据库

在 MySQL 中，可以使用 show databases 语句或 show schemas 语句来查看当前可用的数据库有哪些。

▼ 语法：

```
show databases;
```

▼ 说明：

注意这里的 databases 是复数形式，即 database 后面要加一个 "s"。

▼ 举例：

```
show databases;
```

运行结果如图 8-4 所示。

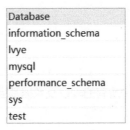

图 8-4

8.2.3　修改数据库

在 MySQL 中，可以使用 alter database 语句或 alter schema 语句来修改一个数据库。对于数据库的修改，主要是修改字符集以及校对规则。

一个数据库的默认字符集为 latin1，默认校对规则是 latin1_swedish_ci。

▌ 语法：

```
alter database 数据库名
default character set = 字符集名
default collate = 校对规则名;
```

▌ 举例：

```
alter database test
default character set = gb2312
default collate = gb2312_chinese_ci;
```

运行结果如图 8-5 所示。

```
> OK
> 时间: 0.015s
```

图 8-5

▌ 分析：

当运行结果中有"OK"时，就说明修改成功了。在实际开发中，很少需要去修改一个数据库的字符集以及校对规则，所以这里简单了解即可。

8.2.4　删除数据库

在 MySQL 中，可以使用 drop database 语句或 drop schema 语句来删除一个数据库。

▌ 语法：

```
drop database 数据库名;
```

▌ 说明：

删除某个数据库之后，该数据库中所有的表以及数据都会被删除。所以小伙伴们在删除数据库时一定要特别小心，不要删错了。

▶ **举例:**

```
drop database test;
```

运行结果如图 8-6 所示。

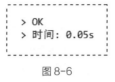

```
> OK
> 时间: 0.05s
```

图 8-6

▶ **分析:**

当运行结果中有"OK"时，就表示成功把 test 这个数据库删除了。如果要删除的数据库不存在，那等 MySQL 会报错，请看下面的例子。

▶ **举例：要删除的数据库不存在**

```
drop database test1;
```

运行结果如图 8-7 所示。

```
> 1008 - Can't drop database 'test1'; database doesn't exist
> 时间: 0.001s
```

图 8-7

▶ **分析:**

为了避免报错，可以加上 if exists，代码如下所示。这样即使数据库不存在也不会报错，只是不执行删除操作而已，小伙伴们可以自行尝试一下。

```
drop database if exists test1;
```

为了方便后面的学习，我们需要执行下面的 SQL 语句来重新创建一个名为"test"的数据库。

```
create database test;
```

8.3 创建表

创建好数据库之后，就可以创建表了。一个数据库中往往会包含多个表。在 MySQL 中，可以使用 create table 语句来创建一个表。

▼ **语法**：

```
create table 表名
(
    列名1 数据类型 列属性,
    列名2 数据类型 列属性,
    ......
    列名n 数据类型 列属性
);
```

▼ **说明**：

表中列的定义需要用"()"括起来，列与列之间需要使用","来分隔。对于每一列来说，列名、类型、属性这 3 者之间需要使用空格来分隔。如果有多个属性，那么属性与属性之间也要使用空格来分隔。

MySQL 中常见的列属性如表 8-2 所示。对于这些列属性，小伙伴们暂时不用深究，下一章会详细介绍。

表 8-2 列的属性

约　　束	说　　明
default	默认值
not null	非空（不允许为空）
auto_increament	自动递增
check	条件检查
unique	唯一键
primary key	主键
foreign key	外键

在第 1 章中，我们在 lvye 数据库中创建了一个名为"fruit"的表，其结构如表 8-3 所示。

表 8-3 fruit 表的结构

列　　名	类　　型	长　　度	小　数　点	允许 null	是否主键	注　　释
id	int			×	√	水果编号
name	varchar	10		√	×	水果名称
type	varchar	10		√	×	水果类型
season	varchar	5		√	×	上市季节
price	decimal	5	1	√	×	出售价格
date	date			√	×	入库日期

接下来使用 SQL 语句在 test 数据库中创建一个同样结构的 fruit 表。先在 Navicat for MySQL 中单击【新建查询】按钮，然后依次选择【mysql】→【test】，如图 8-8 所示。

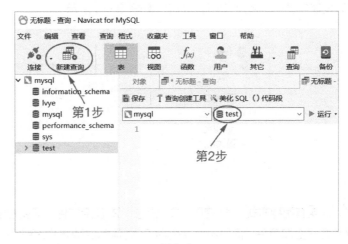

图 8-8

经过上面的操作，相当于选择 test 数据库作为当前数据库。后面执行的 SQL 语句就相当于是对 test 数据库来进行操作，而不会对其他数据库进行操作。

除了上面这种方式之外，也可以使用 use 语句来指定一个已有的数据库作为当前数据库，比如选取 test 数据库作为当前数据库，此时 SQL 语句如下。

```
use test;
```

▶ 举例：

```
create table fruit
(
    id        int  primary key,
    name      varchar(10),
    type      varchar(10),
    season    varchar(5),
    price     decimal(5, 1),
    date      date
);
```

运行结果如图 8-9 所示。

```
> OK
> 时间: 0.06s
```

图 8-9

▶ **分析:**

运行结果有"OK",说明成功创建了一个表。在 Navicat for MySQL 的左侧列表中展开 test 数据库下的表,可以发现多了一个名为"fruit"的表,如图 8-10 所示。

图 8-10

要创建一个表,其实有两种方式:① 使用 SQL 语句;② 使用软件。很多初学数据库的小伙伴会觉得使用软件这种方式更加简单,而并不重视使用 SQL 语句这种方式。那么是不是意味着使用 SQL 语句这种方式可有可无呢?

恰恰相反,使用 SQL 语句这种方式看起来比较麻烦,却是非常有用的。使用软件这种方式在移植表的时候是非常麻烦的,比如我们可能会遇到这样一种场景:在计算机 A 中创建了一个名为"fruit"的表之后,还想要在另外 3 台计算机(B、C 和 D)中创建同样的 fruit 表。

如果选择使用软件这种方式,那么我们必须一个字段一个字段地手动去创建,4 台计算机上都需要操作一遍。可想而知,这样是非常浪费时间和精力的。但是如果选择使用 SQL 语句这种方式,那么我们只需要把 SQL 语句复制到这 4 台计算机中执行一遍就可以了,非常简单方便。

最后需要说明的是,本书所有表的创建代码都可以在本书配套文件中找到。小伙伴们直接复制代码到 Navicat for MySQL 中执行,就会自动创建表。

8.4 查看表

在 MySQL 中,查看表的方式有以下 3 种。

▶ 使用 show tables 语句。
▶ 使用 show create table 语句。
▶ 使用 describe 语句。

8.4.1 show tables 语句

在 MySQL 中,可以使用 show tables 语句来查看当前数据库中都有哪些表。

▼ **语法**：

```
show tables;
```

▼ **举例**：

```
show tables;
```

运行结果如图 8-11 所示。

图 8-11

▼ **分析**：

当然，我们也可以查看 lvye 数据库中都有哪些表。在 Navicat for MySQL 中将当前数据库从"test"切换到"lvye"，如图 8-12 所示。切换到 lvye 数据库之后，执行 show tables 语句，此时运行结果如图 8-13 所示。

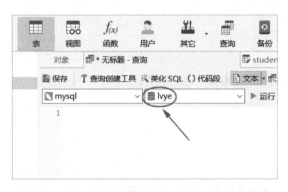

图 8-12

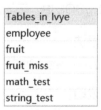

图 8-13

8.4.2 show create table 语句

在 MySQL 中，可以使用 show create table 语句来查看某个表对应的创建代码。

▼ **语法**：

```
show create table 表名;
```

▼ **举例**：

```
show create table fruit;
```

运行结果如下所示。

```
CREATE TABLE `fruit` (
    `id` int NOT NULL COMMENT '水果编号',
    `name` varchar(10) CHARACTER SET utf8mb4 COLLATE utf8mb4_0900_ai_ci DEFAULT null
COMMENT '水果名称',
    `type` varchar(10) DEFAULT null COMMENT '水果类型',
    `season` varchar(5) DEFAULT null COMMENT '上市季节',
    `price` decimal(5,1) DEFAULT null COMMENT '出售价格',
    `date` date DEFAULT null COMMENT '入库日期',
    PRIMARY KEY (`id`)
) ENGINE=InnoDB DEFAULT CHARSET=utf8mb4 COLLATE=utf8mb4_0900_ai_ci
```

▶ 分析：

使用 show create table 语句不仅可以查看用于创建表的代码，还可以查看到其他信息。比如查看到当前数据库使用的引擎是 InnoDB，使用的字符编码是 utf-8。

使用 show create table 语句获取到某一个表的创建代码后，如果想在其他计算机中创建相同结构的表，只需要复制创建代码到其他计算机中执行就可以了，非常方便。

8.4.3   describe 语句

在 MySQL 中，可以使用 describe 语句来查看某个表的结构。

▶ 语法：

```
describe 表名;
```

▶ 说明：

对于 describe 语句来说，下面两种方式是等价的，其中 desc 是 "describe" 的缩写。

```
-- 方式1
describe 表名;

-- 方式2
desc 表名;
```

▶ 举例：

```
describe fruit;
```

运行结果如图 8-14 所示。

Field	Type	Null	Key	Default	Extra
id	int	NO	PRI	(Null)	
name	varchar(10)	YES		(Null)	
type	varchar(10)	YES		(Null)	
season	varchar(5)	YES		(Null)	
price	decimal(5,1)	YES		(Null)	
date	date	YES		(Null)	

图 8-14

8.5 修改表

修改表指的是修改数据库中已经存在的表的结构。表的修改主要包括两个方面：① 修改表名；② 修改字段。。

在对这一节的例子进行讲解之前，我们要先确保在 Navicat for MySQL 中选中的当前数据库是 test，如图 8-15 所示。

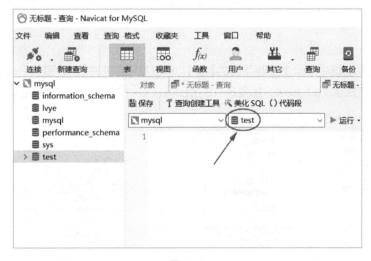

图 8-15

8.5.1 修改表名

在 MySQL 中，可以使用 alter table...rename to... 语句来修改某个表的名称。

▶ **语法：**

```
alter table 旧表名
rename to 新表名;
```

▶ **说明：**

rename to 可以简写为 rename，也就是说 to 是可以省略的。不过在实际开发中，一般建议使用 rename to 这种完整的写法。

▶ **举例：**

```
alter table fruit
rename to fruit_new;
```

运行结果如图 8-16 所示。

图 8-16

▶ **分析：**

运行代码之后，选中 test 数据库下面的【表】，单击鼠标右键并选择【刷新】，如图 8-17 所示。此时会看到表名变成了 fruit_new，如图 8-18 所示。

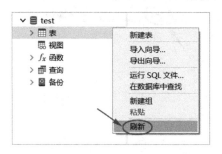

图 8-17

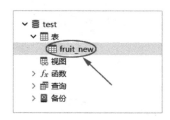

图 8-18

想要修改一个表的名称，除了可以使用 alter table...rename to... 语句之外，还可以使用 rename table...to... 语句。对于这个例子来说，下面两种方式是等价的。

```
-- 方式1
alter table fruit
rename to fruit_new;
```

```
-- 方式2
rename table fruit
to fruit_new;
```

为了方便后续的学习，我们需要执行以下代码将表名从 fruit_new 还原为 fruit。请注意一定要还原，不然会影响后面的学习。

```
alter table fruit_new
rename to fruit;
```

8.5.2　修改字段

在 MySQL 中，字段的修改主要包含以下 4 个方面：

▶ **添加字段**。

▶ **删除字段**。

▶ **修改字段名**。

▶ **修改数据类型**。

需要说明的是，在对字段进行修改之后，如果发现字段并没有变化，则只需要在 Navicat for MySQL 中刷新对应表就可以了，这一点非常重要。

1．添加字段

在 MySQL 中，可以使用 alter table...add... 语句来添加一个新字段。

▶ **语法**：

```
alter table 表名
add 字段名 数据类型;
```

▶ **举例**：

```
alter table fruit
add city varchar(10);
```

运行结果如图 8-19 所示。

```
> OK
> 时间: 0.064s
```

图 8-19

▶ 分析：

运行结果中有"OK"，说明成功添加了字段。本例其实是给 fruit 表添加了一个名为"city"的新字段，该字段的类型是 varchar(10)。查看 fruit 表的结构，可以发现多了一个 city 字段，如图 8-20 所示。

名	类型	长度	小数点	不是 null	虚拟	键	注释
id	int			☑	☐	🔑1	
name	varchar	10		☐	☐		
type	varchar	10		☐	☐		
season	varchar	5		☐	☐		
price	decimal	5	1	☐	☐		
date	date			☐	☐		
city	varchar	10		☐	☐		

图 8-20

2. 删除字段

在 MySQL 中，可以使用 alter table...drop... 语句来删除某个字段。

▶ 语法：

```
alter table 表名
drop 字段名;
```

▶ 举例：

```
alter table fruit
drop city;
```

运行结果如图 8-21 所示。

```
> OK
> 时间: 0.089s
```

图 8-21

▶ 分析：

运行结果中有"OK"，说明成功删除了 city 这个字段。查看 fruit 表的结构，此时可以看到 city 字段已经不存在了，如图 8-22 所示。

名	类型	长度	小数点	不是 null	虚拟	键	注释
id	int			☑	☐	🔑1	
name	varchar	10		☐	☐		
type	varchar	10		☐	☐		
season	varchar	5		☐	☐		
price	decimal	5	1	☐	☐		
date	date			☐	☐		

图 8-22

3. 修改字段名

在 MySQL 中，可以使用 alter table...change... 语句来修改某个字段的名称。

▶ **语法：**

```
alter table 表名
change 原字段名 新字段名 新数据类型;
```

▶ **举例：**

```
alter table fruit
change name fname varchar(10);
```

运行结果如图 8-23 所示。

```
> OK
> 时间: 0.036s
```

图 8-23

▶ **分析：**

在这个例子中，我们将 fruit 表中的 name 字段重新命名为"fname"。查看 fruit 表的结构，效果如图 8-24 所示。

名	类型	长度	小数点	不是 null	虚拟	键	注释
id	int			☑	☐	🔑1	
fname	varchar	10		☐	☐		
type	varchar	10		☐	☐		
season	varchar	5		☐	☐		
price	decimal	5	1	☐	☐		
date	date			☐	☐		

图 8-24

需要注意的是，字段名后面的数据类型是必需的。即使修改字段名称前后数据类型是一样的，也必须写上。如果不写上就会报错，小伙伴们可以自行尝试一下。

为了方便后续的学习，我们需要执行以下代码将 fname 还原为 name。

```
alter table fruit
change fname name varchar(10);
```

4. 修改数据类型

在 MySQL 中，可以使用 alter table...modify... 语句来修改某个字段的数据类型。

▌ **语法**：

```
alter table 表名
modify 字段名 新数据类型;
```

▌ **举例**：

```
alter table fruit
modify price int;
```

运行结果如图 8-25 所示。

> OK
> 时间: 0.082s

图 8-25

▌ **分析**：

price 字段原本的数据类型是 decimal(5, 1)，这里我们将它修改成 int。查看 fruit 表的结构，效果如图 8-26 所示。

名	类型	长度	小数点	不是 null	虚拟	键	注释
id	int			☑	☐	🔑 1	
name	varchar	10		☐	☐		
type	varchar	10		☐	☐		
season	varchar	5		☐	☐		
price	int			☐	☐		
date	date			☐	☐		

图 8-26

最后总结一下可用来修改表的语句（见表 8-4），小伙伴们可以对比记忆。

表 8-4　修改表的语句

操　　作	语　　句
alter table...rename to...	修改表名
alter table...change...	修改字段名
alter table...modify...	修改数据类型
alter table...add...	添加字段
alter table...drop...	删除字段

　　这一节介绍的是使用 SQL 语句来修改表。在实际开发中，如果条件允许，更推荐使用 Navicat for MySQL 来修改表。

8.6　复制表

　　在 MySQL 中，复制表主要有两种方式：① 只复制结构；②同时复制结构和数据。

8.6.1　只复制结构

　　在 MySQL 中，可以使用 create table...like... 语句来将一个已存在的表的结构复制到一个新表中。简单来说，就是用已存在的表的结构来创建一个新表。

▼ **语法**：

```
create table 新表名
like 旧表名;
```

▼ **举例**：

```
create table fruit_a
like fruit;
```

运行结果如图 8-27 所示。

```
> OK
> 时间: 0.047s
```

图 8-27

▶ **分析**：

运行代码之后，在 Navicat for MySQL 中刷新列表，会发现【表】下多了一个名为 "fruit_a" 的表，如图 8-28 所示。

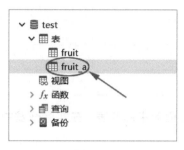

图 8-28

8.6.2　同时复制结构和数据

在 MySQL 中，可以使用 create table...as... 语句来将一个已存在的表的结构和数据同时复制到一个新表中去。

▶ **语法**：

```
create table 新表名
as (select * from 旧表名);
```

▶ **举例**：

```
create table fruit_b
as (select * from fruit);
```

运行结果如图 8-29 所示。

图 8-29

▶ **分析**：

运行代码之后，在 Navicat for MySQL 中刷新列表，会发现【表】下多了一个名为 "fruit_b" 的表，如图 8-30 所示。

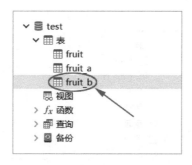

图 8-30

create table...like... 和 create table...as... 这两种语句的区别如下。

▸ create table...like... 语句会复制旧表的完整结构，包括主键、自动递增、索引等。不过 create table...like... 语句只能复制结构，不能复制数据。

▸ create table...as... 语句存在一定的局限性，它并不会复制旧表的主键、自动递增、索引等。这些属性需要我们手动去添加。不过 create table...as... 语句有一个优势，那就是可以复制数据。

8.7　删除表

在 MySQL 中，可以使用 drop table 语句来删除某个表。

▼ **语法**：

```
drop table 表名;
```

▼ **举例**：

```
drop table fruit_a;
```

运行结果如图 8-31 所示。

图 8-31

▼ **分析**：

当运行结果中有"OK"时，表示成功删除了 fruit_a 这个表。在 Navicat for MySQL 中刷新之后，列表如图 8-32 所示。如果要删除的表不存在，那么 MySQL 会报错，请看下面的例子。

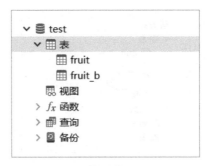

图 8-32

▶ 举例：要删除的表不存在

```
drop table fruit_c;
```

运行结果如图 8-33 所示。

```
> 1051 - Unknown table 'test.fruit_c'
> 时间: 0.119s
```

图 8-33

▶ 分析：

为了避免报错，可以加上 if exists，代码如下所示。这样即使要删除的表不存在也不会报错，只是不执行删除操作而已，小伙伴们可以自行尝试一下。

```
drop table if exists fruit_c;
```

在 MySQL 中，所有关于"删除"的操作，包括删除数据库、删除表、删除视图等，都可以使用 if exists 来避免报错。了解了这一点，可以让我们的学习思路会更加清晰。

8.8 本章练习

一、单选题

1. 在 MySQL 中，可以使用（   ）语句创建一个数据库。

    A. create table   B. create database

    C. create procedure   D. create view

2. 在 MySQL 中，可以使用（　　　）语句创建一个表。

    A. create table   B. create database

    C. create procedure   D. create view

3. 在 MySQL 中，如果想要把 lvye 数据库作为当前数据库，下列 SQL 语句中正确的是（　　　）。

    A. using lvye;   B. use lvye;

    C. show lvye;   D. in lvye;

4. 如果想要将表名 employee 修改为 staff，那么下列 SQL 语句中正确的是（　　　）。

    A. update table employee rename to staff;

    B. update table staff rename to employee;

    C. alter table employee rename to staff;

    D. alter table staff rename to employee;

5. 如果想要删除 fruit 表，那么下列 SQL 语句中正确的是（　　　）。

    A. delete from fruit;   B. drop table fruit;

    C. delete fruit;   D. destroy fruit;

6. 如果想要查看创建 fruit 表的代码，下列 SQL 语句中正确的是（　　　）。

    A. show create table fruit;   B. display create table fruit;

    C. show table create fruit;   D. show fruit;

二、编程题

product 表的结构如表 8-5 所示，请写出创建该表的 SQL 代码（不需要包括列的注释）。

表 8-5　product 表的结构

列　　名	类　　型	允许 null	是否主键	注　　释
id	int	×	√	商品编号
name	varchar(10)	√	×	商品名称
type	varchar(10)	√	×	商品类型
city	varchar(10)	√	×	来源城市
price	decimal(5, 1)	√	×	出售价格
date	date	√	×	入库时间

第 9 章

列的属性

9.1 列的属性简介

"8.3 创建表"这一节提到过，我们可以为表中的列添加一些属性，如默认值、非空、自动递增等。MySQL 常见的列属性有 8 种，如表 9-1 所示。

表 9-1　列的属性

属　　性	说　　明
default	默认值
not null	非空（不允许为空）
auto_increament	自动递增
check	条件检查
unique	唯一键
primary key	主键
foreign key	外键
comment	注释

列的部分属性又叫作"列的约束"，比如默认值属性又叫作"默认值约束"，而非空属性又叫作"非空约束"。"约束"这种叫法很常见，小伙伴们需要知道"列的约束"指的就是"列的属性"。

▼ 语法：

```
create table 表名
(
    列名1 数据类型 列属性,
```

```
        列名2 数据类型 列属性,
        ......
        列名n 数据类型 列属性
);
```

▶ **说明：**

一个列可以拥有一个或多个属性。如果有多个属性，那么属性与属性之间需要使用空格来分隔。

这一章我们同样对 test 数据库进行操作，所以在执行例子代码之前，要先确认当前数据库是否为 test 数据库，具体操作如图 9-1 所示。

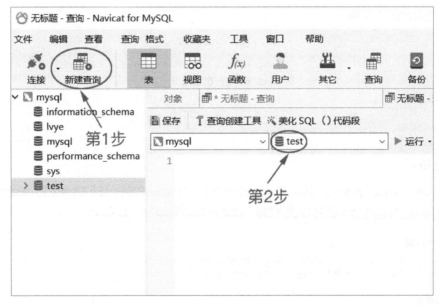

图 9-1

9.2 默认值

从前面的学习可以知道，使用 insert 语句可以只给部分列插入数据。对于没有被插入数据的列，它的值就会被设置为 null。换一种说法就是：**默认情况下，列的默认值其实是 null**。

在 MySQL 中，如果希望列的默认值不是 null，而是其他值，那么可以使用 default 这个属性来实现。

▶ **语法：**

列名 类型 `default` 默认值

� **举例：**

```
create table fruit1
(
    id        int,
    name      varchar(10),
    type      varchar(10),
    season    varchar(5),
    price     decimal(5, 1) default 10.0,
    date      date
);
```

运行结果如图 9-2 所示。

> OK
> 时间：0.19s

图 9-2

▌ **分析：**

price decimal(5, 1) default 10.0 表示定义一个名为"price"的列，该列的类型为 decimal(5, 1)、默认值为 10.0。尝试执行下面的 SQL 代码，此时运行结果如图 9-3 所示。

```
-- 插入数据
insert into fruit1(id, name, type, season, date)
values(1, '葡萄', '浆果', '夏', '2022-08-06');

-- 查看表
select * from fruit1;
```

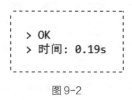

id	name	type	season	price	date
1	葡萄	浆果	夏	10.0	2022-08-06

图 9-3

从运行结果可以看出，虽然上面的 SQL 代码并没有给 price 这一列插入数据，但是结果却显示出 price 的值为 10.0。也就是说，如果我们没有给某一列插入数据，那么该列就会把默认值作为它的值。

上面是使用代码的方式来设置默认值，如果想要在 Navicat for MySQL 中为某一列设置默认值，则只需要执行以下 3 步就可以了。

① **显示表的结构**：在左侧列表中选中要修改的表，单击鼠标右键并选择【设计表】，如图 9-4 所示。

图 9-4

② **选中空白项**：选中 price 这一行之后，会弹出一个默认值窗口，单击右侧的下拉按钮，然后选中第一项（这是一个空白项），如图 9-5 所示。

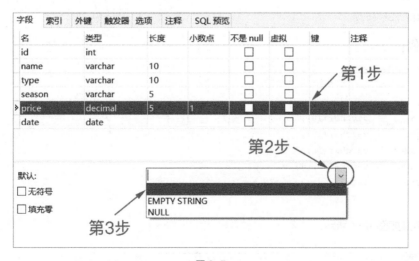

图 9-5

③ **设置默认值**：选中空白项之后，就可以在文本框中输入默认值了，如图 9-6 所示。需要特别注意的是，每次设置或修改了列的属性后，必须要使用"Ctrl+S"组合键保存才能生效。

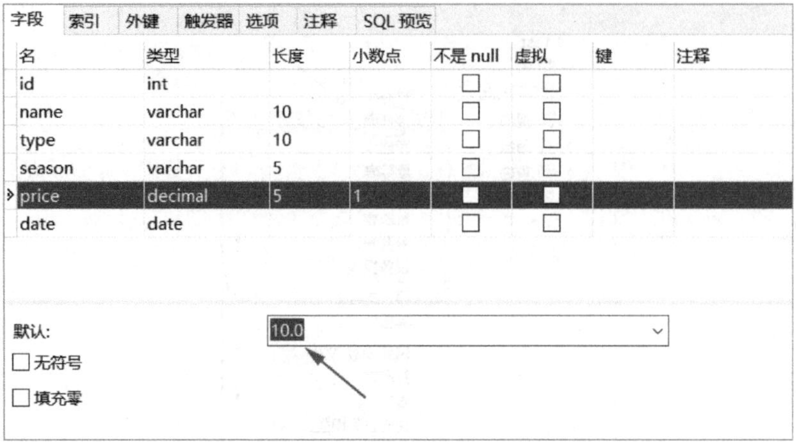

图 9-6

9.3 非空

在实际开发中，有时要求表中的某些列必须有值而不能是 null，此时可以使用 not null 这个属性来实现。

▶ 语法：

```
列名 类型 not null
```

▶ 举例：

```
create table fruit2
(
    id        int,
    name      varchar(10),
    type      varchar(10),
    season    varchar(5),
    price     decimal(5, 1) not null,
    date      date
);
```

运行结果如图 9-7 所示。

```
> OK
> 时间: 0.19s
```

图 9-7

▶ 分析：

price decimal(5, 1) not null 表示定义一个名为"price"的列，该列的类型为 decimal(5, 1)，并且该列的值不允许为空（null）。尝试执行下面的 SQL 代码，运行结果如图 9-8 所示。

```
-- 插入数据
insert into fruit2(id, name, type, season, date)
values(1, '葡萄', '浆果', '夏', '2022-08-06');

-- 查看表
select * from fruit2;
```

```
> 1364 - Field 'price' doesn't have a default value
> 时间: 0.025s
```

图 9-8

因为 price 列的值不允许为空，所以在插入数据时，price 列必须要有值才行。当然，如果使用 default 属性设置了默认值，那么允许在插入数据时 price 列没有值，因为 MySQL 会自动使用默认值来填充。小伙伴们可以自行尝试一下。

上面是使用代码的方式来添加非空属性，如果想要在 Navicat for MySQL 中为某一列设置非空属性，那么只需要执行以下两步就可以了。

① **显示表的结构**：在左侧列表中选中要修改的表，单击鼠标右键并选择【设计表】，如图 9-9 所示。

图 9-9

② **设置非空**：选中 price 这一行之后，勾选【不是 null】这一项的复选框，此后 price 列的值就不允许为空了，如图 9-10 所示。

名	类型	长度	小数点	不是 null	虚拟	键	注释
id	int			☐	☐		
name	varchar	10		☐	☐		
type	varchar	10		☐	☐		
season	varchar	5		☐	☐		
price	decimal	5	1	☑	☐		
date	date			☐	☐		

图 9-10

9.4　自动递增

在实际开发中，很多时候我们希望某一列（如主键列）的值是自动递增的，此时可以使用 auto_increment 属性来实现。

▼ 语法：

```
列名 类型 auto_increment
```

▼ 说明：

默认情况下，设置了 auto_increment 属性的列的值从 1 开始（初始值），然后每次递增 1。如果想要改变初始值，则可以使用下面这种方式。

```
列名 类型 auto_increment = 初始值
```

对于 MySQL 中的 auto_increment 属性，我们需要清楚以下 7 点。

▶ auto_increment 属性只能用于整数列，而不能用于其他类型的列。

▶ 一个表中最多只能有一个具有 auto_increment 属性的列。

▶ 只能给已经建立了索引的列设置 auto_increment 属性。主键列和唯一键列会自动建立索引。

▶ 如果某一列设置了 auto_increment 属性，那么该列不能再使用 default 属性来指定默认值。

▶ 如果某一列设置了 auto_increment 属性，那么 MySQL 会自动帮该列生成一个唯一值。该值从 1 开始，然后每次递增 1。

▶ 如果某一列设置了 auto_increment 属性，那么该列的值就是自动递增的，所以在插入数据时可以不指定该列的值。

▶ MySQL 使用 auto_increment 属性来实现自动递增，而 SQL Server 使用 identity 属性来实现自动递增。

▶ **举例：**

```
create table fruit3
(
    id          int auto_increment,
    name        varchar(10),
    type        varchar(10),
    season      varchar(5),
    price       decimal(5, 1) not null,
    date        date
);
```

运行结果如图 9-11 所示。

```
> 1075 - Incorrect table definition; there can be only one
auto column and it must be defined as a key
> 时间: 0.001s
```

图 9-11

▶ **分析：**

一般只能给主键列或唯一键列设置 auto_increment 属性。而在这个例子中，id 列并没有设置主键或唯一键，所以给它设置 auto_increment 属性会报错。

在给 id 列设置 auto_increment 属性的同时将其设置为主键，也就是执行下面的 SQL 代码，这样就不会报错了，运行结果如图 9-12 所示。

```
create table fruit3
(
    id          int primary key auto_increment,
    name        varchar(10),
    type        varchar(10),
    season      varchar(5),
    price       decimal(5, 1) not null,
    date        date
);
```

```
> OK
> 时间: 0.056s
```

图 9-12

id int primary key auto_increment 表示定义一个名为 "id" 的列，该列的类型为 int，该列是一个主键，并且该列的开始值从 1 开始，每次递增的值也是 1。尝试执行下面的 SQL 代码，此时运行结果如图 9-13 所示。

```
-- 插入数据
insert into fruit3(name, type, season, price, date)
values('葡萄', '浆果', '夏', 27.3, '2022-08-06');

-- 查看表
select * from fruit3;
```

id	name	type	season	price	date
1	葡萄	浆果	夏	27.3	2022-08-06

图 9-13

虽然这里并没有给 id 列插入值，但是由于 id 列设置了 auto_increment 属性，所以 MySQL 会自动设置第 1 条记录的 id 值为 1。尝试执行下面的 SQL 代码插入一条记录，此时运行结果如图 9-14 所示。

```
-- 插入数据
insert into fruit3(name, type, season, price, date)
values('柿子', '浆果', '秋', 6.4, '2022-10-20');

-- 查看表
select * from fruit3;
```

id	name	type	season	price	date
1	葡萄	浆果	夏	27.3	2022-08-06
2	柿子	浆果	秋	6.4	2022-10-20

图 9-14

当然，我们还可以插入多条记录。执行下面的 SQL 代码之后，运行结果如图 9-15 所示。

```
-- 插入数据
insert into fruit3(name, type, season, price, date)
values
('橘子', '浆果', '秋', 11.9, '2022-09-01'),
('山竹', '仁果', '夏', 40.0, '2022-07-12'),
('苹果', '仁果', '秋', 12.6, '2022-09-18');

-- 查看表
select * from fruit3;
```

id	name	type	season	price	date
1	葡萄	浆果	夏	27.3	2022-08-06
2	柿子	浆果	秋	6.4	2022-10-20
3	橘子	浆果	秋	11.9	2022-09-01
4	山竹	仁果	夏	40.0	2022-07-12
5	苹果	仁果	秋	12.6	2022-09-18

图 9-15

　　自动递增这个属性非常有用。在实际开发中，对于一个表的主键列，我们一般不会手动插入值，而是给它设置自动递增的值。

　　上面是使用代码的方式来添加自动递增属性，如果想要在 Navicat for MySQL 中为某一列设置自动递增属性，那么只需要执行以下 3 步就可以了。

　　① **显示表的结构**：在左侧列表中选中要修改的表，单击鼠标右键并选择【设计表】，如图 9-16 所示。

图 9-16

　　② **设置自动递增**：选中 id 这一行之后，会弹出一个窗口，勾选【自动递增】复选框就可以成功设置自动递增，如图 9-17 所示。

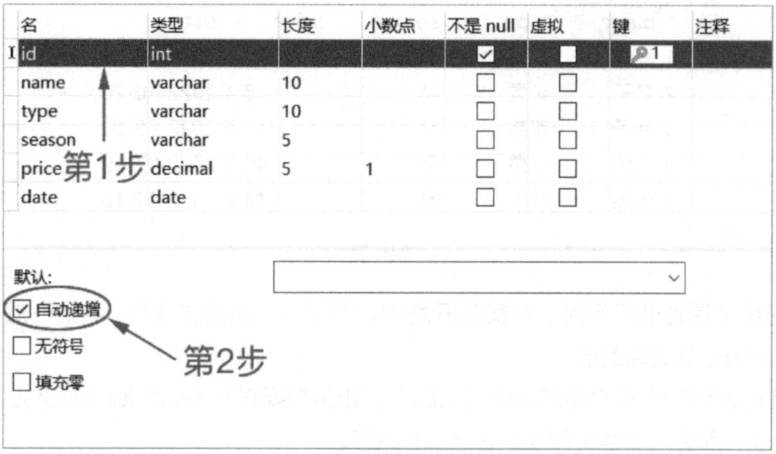

图 9-17

9.5 条件检查

在实际开发中，我们可能会遇到这样的场景：有一个 age 列，需要限制它的值在 0~200，以防止输入的年龄值超过正常的范围。

在 MySQL 中，可以使用 check 属性来为某一列添加条件检查。

▼ 语法：

```
列名 类型 check(表达式)
```

▼ 说明：

条件检查（check）是 MySQL 8.0 新增的属性，它只适用于 MySQL 8.0 及以上的版本，并不适用于 MySQL 低版本。

▼ 举例：

```
create table fruit4
(
    id      int,
    name    varchar(10),
    type    varchar(10),
    season  varchar(10) check(season in ('春', '夏', '秋', '冬')),
    price   decimal(5, 1) not null,
    date    date
);
```

运行结果如图 9-18 所示。

```
> OK
> 时间: 0.051s
```

图 9-18

分析：

season varchar(10) check(season in ('春','夏','秋','冬')) 表示定义一个名为“season”的列，该列的类型为 varchar(10)，该列的取值只能是“春”“夏”“秋”“冬”这 4 种。其中，我们可以使用逻辑运算符（and 和 or）来指定多个条件。当然，也可以使用 in、between...and... 和 like 等关键字。

尝试执行下面的 SQL 代码，给 season 列插入一个其他值，从运行结果中可以看到报错了，如图 9-19 所示。

```
-- 插入数据
insert into fruit4(id, name, type, season, price, date)
values(1, '葡萄', '浆果', 'summer', 27.3, '2022-08-06');

-- 查看表
select * from fruit4;
```

```
> 3819 - Check constraint 'fruit4_chk_1' is violated.
> 时间: 0.006s
```

图 9-19

上面是使用代码的方式来设置条件检查属性，不过 Navicat for MySQL 暂时不支持直接设置条件检查属性。

9.6 唯一键

在 MySQL 中，如果我们希望某一列中存储的值都是唯一的，那么可以使用 unique 属性来实现。使用了 unique 属性的列，也叫作“唯一键”或“唯一键列”。

语法：

```
列名 类型 unique
```

▶ **举例**:

```
create table fruit5
(
    id        int unique,
    name      varchar(10),
    type      varchar(10),
    season    varchar(5),
    price     decimal(5, 1) not null,
    date      date
);
```

运行结果如图 9-20 所示。

> OK
> 时间: 0.074s

图 9-20

▶ **分析**:

id int unique 表示定义一个名为 "id" 的列，该列的类型为 int，该列的值都是唯一的，也就是不允许出现重复的值。执行下面的 SQL 代码，运行结果如图 9-21 所示。

```
-- 插入数据
insert into fruit5(id, name, type, season, price, date)
values(1, '葡萄', '浆果', '夏', 27.3, '2022-08-06');

-- 查看表
select * from fruit5;
```

id	name	type	season	price	date
1	葡萄	浆果	夏	27.3	2022-08-06

图 9-21

尝试执行下面的 SQL 代码来插入一行数据，该行数据的 id 和上一行数据的 id 是一样的，此时运行结果如图 9-22 所示。可以看到，Navicat for MySQL 报错了。

```
-- 插入数据
insert into fruit5(id, name, type, season, price, date)
values(1, '柿子', '浆果', '秋', 6.4, '2022-10-20');

-- 查看表
select * from fruit5;
```

```
> 1062 - Duplicate entry '1' for key 'fruit5.id'
> 时间: 0.028s
```

图 9-22

id 这一列的值不能重复，那么如果插入一个 null 值又会怎样呢？尝试执行下面的 SQL 代码，运行结果如图 9-23 所示。因为这里并没有给 id 列插入值，所以 id 列会使用默认值 null。

```
-- 插入数据
insert into fruit5(name, type, season, price, date)
values('柿子', '浆果', '秋', 6.4, '2022-10-20');

-- 查看表
select * from fruit5;
```

id	name	type	season	price	date
1	葡萄	浆果	夏	27.3	2022-08-06
(Null)	柿子	浆果	秋	6.4	2022-10-20

图 9-23

如果我们再次给 id 列插入一个 null 值，又会怎样呢？尝试执行下面的 SQL 代码，运行结果如图 9-24 所示。

```
-- 插入数据
insert into fruit5(name, type, season, price, date)
values('橘子', '浆果', '秋', 11.9, '2022-09-01');

-- 查看表
select * from fruit5;
```

id	name	type	season	price	date
1	葡萄	浆果	夏	27.3	2022-08-06
(Null)	柿子	浆果	秋	6.4	2022-10-20
(Null)	橘子	浆果	秋	11.9	2022-09-01

图 9-24

由于这里并没有给 id 列插入一个值，所以 id 列会使用默认值 null。从运行结果可以看出，id 列虽然是唯一键，但是却可以存在两个 null 值。这里小伙伴们要特别注意：**在 MySQL 中，唯一键是可以同时存在多个 null 值的；但是在 SQL Server 中，唯一键只能存在一个 null 值。**

上面是使用代码的方式来添加唯一键属性，如果想要在 Navicat for MySQL 中为某一列设置唯一键属性，那么只需要执行以下 3 步就可以了。

① **显示表的结构**：在左侧列表中选中要修改的表，单击鼠标右键并选择【设计表】，如图 9-25 所示。

图 9-25

② **选择对应的字段**：先单击【索引】选项卡，然后单击"字段"右侧的【…】按钮。接着在弹出的对话框中勾选【id】复选框，最后单击【确定】按钮即可，如图 9-26 所示。

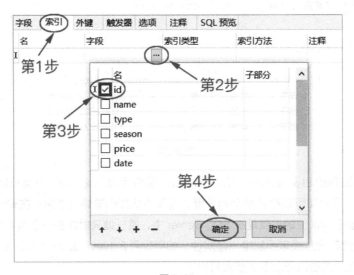

图 9-26

③ **设置索引类型**：单击【索引类型】右侧的下拉按钮，然后选择【UNIQUE】，如图 9-27 所示。使用“Ctrl+S”组合键保存，以使修改生效。

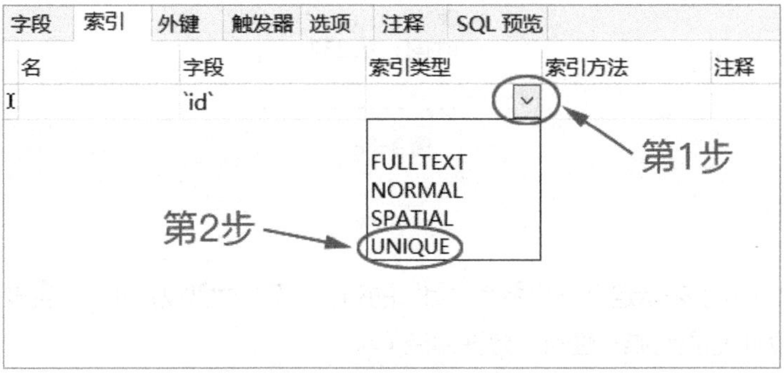

图 9-27

9.7 主键

对于主键这个属性，我们在此之前已经有过很多接触。如果将某一列设置为主键，那么这一列的的值具有两个特点：① **具有唯一性**；② **不允许为空**（null）。

一般情况下，每个表都需要有一个作为主键的列，这样可以保证每一行都有一个唯一标识。注意这里是一般情况下，并不是所有的表都一定要有主键。

在 MySQL 中，可以使用 primary key 属性来设置某一列为“主键”。设置了主键的列也叫作“主键”或“主键列”。

▼ 语法：

```
列名 类型 primary key
```

▼ 举例：

```
create table fruit6
(
    id        int primary key,
    name      varchar(10),
    type      varchar(10),
    season    varchar(5),
    price     decimal(5, 1) not null,
    date      date
);
```

运行结果如图 9-28 所示。

```
> OK
> 时间: 0.232s
```

图 9-28

▶ 分析：

id int primary key 表示定义一个名为"id"的列，该列的类型为 int，并且该列是一个主键列，也就是说 id 这一列的值具有唯一性且不允许为空（null）。

执行下面的 SQL 代码，运行结果如图 9-29 所示。

```
-- 插入数据
insert into fruit6(id, name, type, season, price, date)
values(1, '葡萄', '浆果', '夏', 27.3, '2022-08-06');

-- 查看表
select * from fruit6;
```

id	name	type	season	price	date
1	葡萄	浆果	夏	27.3	2022-08-06

图 9-29

尝试执行下面的 SQL 代码来插入一行数据，该行数据的 id 和上一行数据的 id 是一样的，此时运行结果如图 9-30 所示。可以看到，Navicat for MySQL 报错了。

```
-- 插入数据
insert into fruit6(id, name, type, season, price, date)
values(1, '柿子', '浆果', '秋', 6.4, '2022-10-20');

-- 查看表
select * from fruit6;
```

```
> 1062 - Duplicate entry '1' for key 'fruit6.PRIMARY'
> 时间: 0.013s
```

图 9-30

那么给 id 列插入一个 null 值会怎样呢？执行下面的 SQL 代码，运行结果如图 9-31 所示。

```
-- 插入数据
insert into fruit6(id, name, type, season, price, date)
values(null, '柿子', '浆果', '秋', 6.4, '2022-10-20');

-- 查看表
select * from fruit6;
```

```
> 1048 - Column 'id' cannot be null
> 时间: 0s
```

图 9-31

从运行结果可以看出，是不允许往主键列中插入 null 值的。细心的小伙伴们可能发现了，主键和唯一键其实是非常相似的，它们的值都是不允许重复的，它们的区别主要体现在以下 3 个方面。

▶ **主键的值不能为 null，而唯一键的值可以为 null。**

▶ **一个表只能有一个主键，但可以有多个唯一键。**

▶ **主键可以作为外键，但是唯一键不可以作为外键。**

在某些情况下，我们可能会看到一个表把多个字段作为主键，这并不是意味着该表有多个主键。而是该表将多个字段作为一个整体，然后把这个整体作为一个主键来使用。这种方式其实叫作"联合主键"。这种表本质上还是只有一个主键。

在实际开发中，我们一般都会给主键列添加自动递增属性，常见写法如下所示。需要注意的是，由于主键列的值本身就不允许为空了，所以我们没必要再使用 not null 来设置非空属性。

```
create table fruit6
(
    id          int primary key auto_increment,
    name        varchar(10),
    type        varchar(10),
    season      varchar(5),
    price       decimal(5, 1) not null,
    date        date
);
```

上面是使用代码的方式来设置主键属性，如果想要在 Navicat for MySQL 中为某一列设置主键属性，那么只需要执行以下两步就可以了。

① **显示表的结构**：在左侧列表中选中要修改的表，单击鼠标右键并选择【设计表】，如图 9-32 所示。

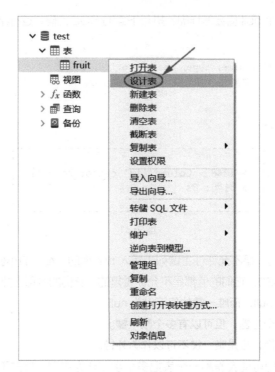

图 9-32

② **设置主键**：第 1 种方式，单击 id 这一行属性栏右侧的【键】，如果出现一个钥匙状的图标，就表示主键设置成功了，如图 9-33 所示。

名	类型	长度	小数点	不是 null	虚拟	键	注释
id	int			☑	☐	🔑1	
name	varchar	10		☐	☐		
type	varchar	10		☐	☐		
season	varchar	5		☐	☐		
price	decimal	5	1	☐	☐		
date	date			☐	☐		

图 9-33

第 2 种方式，选中 id 这一行后单击上方的【主键】按钮，如果出现一个钥匙状的图标，就表示主键设置成功了，如图 9-34 所示。

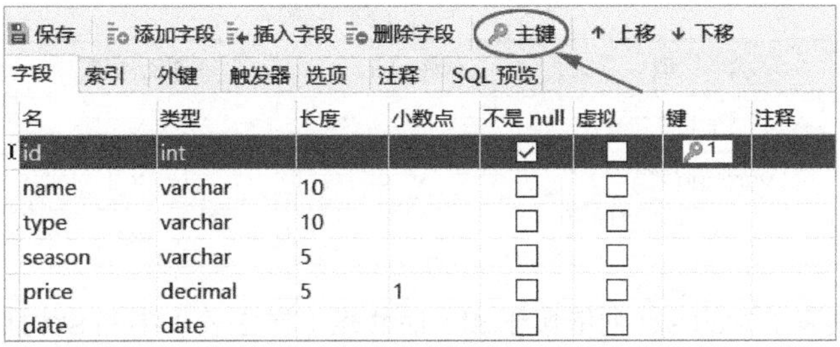

图 9-34

第 3 种方式，选中 id 这一行后单击鼠标右键并选择【主键】来设置 id 列为主键，如图 9-35 所示。

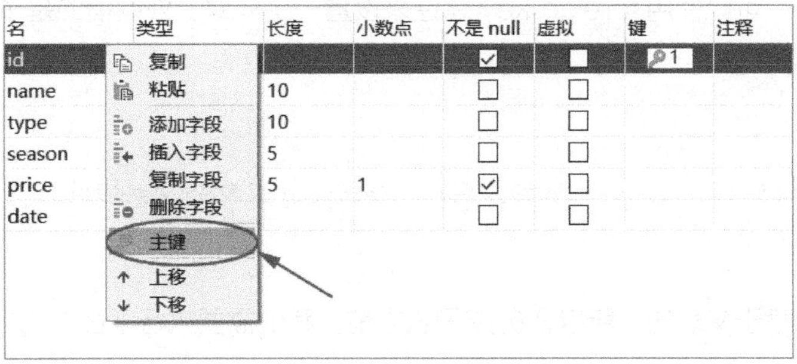

图 9-35

9.8 外键

假设有两个表：A 和 B，如果 B 表中的某一列依赖于 A 表中的某一列，那么就称 A 表为"父表"，称 B 表为"子表"。其中，父表和子表可以使用"外键"关联起来。

"外键"怎么理解呢？比如有两个表：student 和 score。student 表保存的是学生的基本信息（见表 9-2），score 表保存的是学生的课程和分数（见表 9-3）。

表 9-2　student 表的结构

列　　名	类　　型	允许 null	是否主键	注　　释
sid	int	×	√	学号
name	varchar(10)	√	×	姓名
sex	char(5)	√	×	性别
age	int	√	×	年龄
major	varchar(20)	√	×	专业

表 9-3   score 表的结构

列　　名	类　　型	允许 null	是否主键	注　　释
sid	int	×	√	学号
course	varchar(20)	√	×	课程
grade	int	√	×	成绩

score 表（成绩表）中的 sid 列依赖于 student 表（学生表）中的 sid 列。也就是说，score 表中的 sid 这一列的值必须能在 student 表中的 sid 这一列中找到。

如果一个 sid 在 score 表中出现，但是在 student 表中找不到对应的 sid，那么就相当于插入了不存在的学生的成绩，这是不合理的。为了避免出现这种情况，我们需要使用"外键"这个属性来约束子表。

在 MySQL 中，可以使用 foreign key 属性来设置一个外键。外键指的是子表中的某一列受限于（或依赖于）父表中的某一列。

▶ 语法：

```
constraint 外键名 foreign key(子表的列名) references 父表名(父表的列名)
```

▶ 说明：

因为子表是依赖于父表的，所以在创建子表之前，我们需要执行下面的 SQL 代码来创建一个父表（student 表）。

```
create table student
(
    sid       int primary key auto_increment,
    name      varchar(10),
    sex       char(5),
    age       int,
    major     varchar(20)
);
```

然后执行下面的 SQL 代码来往 student 表中插入一些数据，运行结果如图 9-36 所示。

```
-- 插入数据
insert into student(name, sex, age, major)
values
('小明', '男', 20, '软件工程'),
('小红', '女', 19, '商务英语'),
('小华', '男', 21, '临床医学');

-- 查看表
select * from student;
```

sid	name	sex	age	major
1	小明	男	20	软件工程
2	小红	女	19	商务英语
3	小华	男	21	临床医学

图 9-36

▶ **举例:**

```
create table score
(
    sid         int,
    course      varchar(20),
    grade       int,
    constraint 学号 foreign key(sid) references student(sid)
);
```

运行结果如图 9-37 所示。

```
> OK
> 时间: 0.053s
```

图 9-37

▶ **分析:**

在这个例子中,我们使用 foreign key 属性来将"score 表中的 sid 列"和"student 表中的 sid 列"关联起来。对于 score 表来说,sid 列的值必须能在 student 表中找到,否则就会报错。

student 表中的 sid 列只有 3 种取值:1、2、3。尝试执行下面的 SQL 代码,在 score 表中插入一个 student 表中不存在的 sid,运行结果如图 9-38 所示。

```
-- 插入数据
insert into score(sid, course, grade)
values(4, '高等数学', 70);

-- 查看表
select * from score;
```

```
> 1452 - Cannot add or update a child row: a foreign key constraint
fails (`test`.`score`, CONSTRAINT `学号` FOREIGN KEY (`sid`)
REFERENCES `student` (`sid`))
> 时间: 0.012s
```

图 9-38

从运行结果可以看出，Navicat for MySQL 报错了。这是因为 score 表中的 sid 列依赖于
student 表中的 sid 列，当我们往 score 表中插入数据时，MySQL 会自动帮我们检查插入的 sid
是否能在 student 表中找到。如果找不到，就会报错。

如果插入的 sid 为 1、2、3 这 3 种值中的一个，就可以正常插入。执行下面的 SQL 代码，运
行结果如图 9-39 所示。

```
-- 插入数据
insert into score(sid, course, grade)
values
(1, '线性代数', 70),
(2, '线性代数', 80),
(1, '前端开发', 90);

-- 查看表
select * from score;
```

sid	course	grade
1	线性代数	70
2	线性代数	80
1	前端开发	90

图 9-39

可能小伙伴们会觉得很奇怪："为什么这里允许有相同的 sid，也就是有两个 1 出现呢？"外键
跟主键不一样，主键的值是不允许重复的，但是外键的值依赖于父表的某一列的值，只要外键的值
在父表的某列的值的范围内，都是允许的。可以这样理解，学号是学生的唯一标识，但是一个学生
是可以同时选修多门课的。

对于外键，我们还需要清楚以下 3 点。

▶ **一般把父表的主键作为子表的外键。**

▶ **插入数据时，必须先插入父表，然后才能插入子表。**

▶ **删除表时，必须先删除子表，然后才能删除父表。**

上面是使用代码的方式来添加外键属性，如果想要在 Navicat for MySQL 中为某一列设置外
键属性，那么只需要执行以下 4 步就可以了。

① **显示表的结构**：在左侧列表中选中要修改的表（这里是 score 表），单击鼠标右键并选择
【设计表】，如图 9-40 所示。

图 9-40

② **设置外键**：单击上方的【外键】选项卡，然后填写外键关系。【字段】项中填写的是子表的字段名，【被引用的模式】项中填写的是当前数据库名，【被引用的表（父）】项中填写的是父表的表名，【被引用的字段】项中填写的是父表的字段名，如图 9-41 所示。

字段	索引	外键	触发器	选项	注释	SQL 预览		
名	字段		被引用的模式	被引用的表（父）	被引用的字段		删除时	更新时
▶ 学号	sid		test	student	sid		RESTRICT	RESTRICT

图 9-41

常见问题

1. 每一个表都必须要有一个主键吗？

并不是每一个表都要有一个主键，只不过一般情况下最好有主键。因为使用主键可以保证数据的完整性，并且还可以提高查询效率。

2. 外键名和主键名必须要相同吗？

外键名和主键名并不一定要相同，只不过在实际开发中，当外键与对应的主键处于不同的表中时，为了便于识别，我们一般设置相同的外键名和主键名。另外，外键和主键也可以处于同一个表中。

9.9 注释

在 MySQL 中，可以使用 comment 属性来给列添加注释。

▶ 语法：

列名 类型 `comment` 注释内容

▶ 说明：

注释内容是字符串，需要使用英文单引号引起来。

▶ 举例：

```
create table fruit7
(
    id          int comment '水果编号',
    name        varchar(10) comment '水果名称',
    type        varchar(10) comment '水果类型',
    season      varchar(5) comment '上市季节',
    price       decimal(5, 1)  comment '出售价格',
    date        date comment '入库时间'
);
```

运行结果如图 9-42 所示。

```
> OK
> 时间: 0.18s
```

图 9-42

▶ 分析：

运行之后，在 Navicat for MySQL 中查看表的结构，可以看到每一列都添加了对应的注释内容，如图 9-43 所示。

名	类型	长度	小数点	不是 null	虚拟	键	注释
id	int			☐	☐		水果编号
name	varchar	10		☐	☐		水果名称
type	varchar	10		☐	☐		水果类型
season	varchar	5		☐	☐		上市季节
price	decimal	5	1	☐	☐		出售价格
date	date			☐	☐		入库时间

图 9-43

　　上面是使用代码的方式来添加注释，如果想要在 Navicat for MySQL 中为某一列添加注释，那么只需要执行以下两步就可以了。

　　① **显示表的结构**：在左侧列表中选中要修改的表，单击鼠标右键并选择【设计表】，如图 9-44 所示。

图 9-44

　　② **添加注释**：在表的结构中，每一行的右侧都有一个【注释】，在这里就可以给表的对应列添加注释内容，如图 9-45 所示。

名	类型	长度	小数点	不是 null	虚拟	键	注释
id	int			☐	☐		
name	varchar	10		☐	☐		
type	varchar	10		☐	☐		
season	varchar	5		☐	☐		
price	decimal	5	1	☐	☐		
date	date			☐	☐		

图 9-45

9.10　操作已有的表

前面几节介绍的都是在创建表的同时给列添加属性。实际上，还可以给已经创建好的表的列添加属性，我们需要分以下两种情况来考虑。

▶ **约束型属性**。

▶ **其他属性**。

在介绍具体语法之前，我们先执行下面的 SQL 代码来创建 3 个表。

```
-- 表1
create table fruit8
(
    id        int,
    name      varchar(10),
    type      varchar(10),
    season    varchar(5),
    price     decimal(5, 1),
    date      date
);

-- 表2
create table student1
(
    sid       int primary key auto_increment,
    name      varchar(10),
    sex       char(5),
    age       int,
    major     varchar(20)
);

-- 表3
create table score1
(
    sid       int,
    course    varchar(20),
    grade     int
);
```

9.10.1 约束型属性

如果想要添加约束型属性，可以使用 alter table...add constraint... 语句来实现。如果想要删除约束型属性，可以使用 alter table...drop constraint... 语句来实现。

在 MySQL 中，约束型属性主要有以下 4 种。

▶ 条件检查。

▶ 唯一键。

▶ 主键。

▶ 外键。

▶ **语法：**

```
-- 添加属性
alter table 表名
add constraint 标识名
属性;

-- 删除属性
alter table 表名
drop constraint 标识名;
```

▶ **说明：**

添加属性时的标识名是自定义的，它主要用作标识，方便后面对属性进行删除。对不同属性进行操作的语法略有不同，具体请看下面的例子。

▶ **举例：添加条件检查**

```
alter table fruit8
add constraint ck_season
check(season in ('春', '夏', '秋', '冬'));
```

运行结果如图 9-46 所示。

```
> OK
> 时间: 0.19s
```

图 9-46

▶ **举例：删除条件检查**

```
alter table fruit8
drop constraint ck_season;
```

运行结果如图 9-47 所示。

```
> OK
> 时间：0.19s
```

图 9-47

▼ 举例：添加唯一键

```
alter table fruit8
add constraint uq_id
unique(id);
```

运行结果如图 9-48 所示。

```
> OK
> 时间：0.19s
```

图 9-48

▼ 举例：删除唯一键

```
alter table fruit8
drop constraint uq_id;
```

运行结果如图 9-49 所示。

```
> OK
> 时间：0.19s
```

图 9-49

▼ 举例：添加主键

```
alter table fruit8
add primary key(id);
```

运行结果如图 9-50 所示。

图 9-50

▶ **分析：**

一个表的唯一键可以有多个，所以在添加唯一键时需要为其设置一个名称，以方便识别。但是表的主键只能有一个，所以在添加主键时不需要为其设置一个名称。

▶ **举例：删除主键**

```
alter table fruit8
drop primary key;
```

运行结果如图 9-51 所示。

图 9-51

▶ **举例：添加外键**

```
alter table score1
add constraint fk_sid
foreign key(sid) references student1(sid);
```

运行结果如图 9-52 所示。

图 9-52

▶ **举例：删除外键**

```
alter table score1
drop constraint fk_sid;
```

运行结果如图 9-53 所示。

```
> OK
> 时间：0.19s
```

图 9-53

9.10.2   其他属性

在 MySQL 中，可以使用 alter table...modify... 语句来添加和删除其他属性。其他属性主要包括以下 4 种。

- ▶ **默认值。**
- ▶ **非空。**
- ▶ **自动递增。**
- ▶ **注释。**

▼ **语法：**

```
alter table 表名
modify 列名 类型 属性;
```

▼ **举例：添加默认值**

```
alter table fruit8
modify price decimal(5, 1) default 10.0;
```

运行结果如图 9-54 所示。

```
> OK
> 时间：0.016s
```

图 9-54

▼ **举例：删除默认值**

```
alter table fruit8
modify price decimal(5, 1) default null;
```

运行结果如图 9-55 所示。

图 9-55

▶ **分析：**

添加默认值和删除默认值使用的都是 alter table...modify... 语句。modify price decimal(5, 1) default null 表示将 price 的默认值重置为 null，也就相当于删除了原来设置的默认值。

▶ **举例：添加非空**

```
alter table fruit8
modify id int not null;
```

运行结果如图 9-56 所示。

图 9-56

▶ **举例：删除非空**

```
alter table fruit8
modify id int null;
```

运行结果如图 9-57 所示。

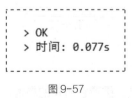

图 9-57

▶ **分析：**

如果不允许某一列的值为空，那么可以使用"not null"来限定。如果允许某一列的值为空，那么加上"null"即可。

举例：添加自动递增

```
alter table fruit8
modify id int auto_increment;
```

运行结果如图 9-58 所示。

```
> 1075 - Incorrect table definition; there can be only
one auto column and it must be defined as a key
> 时间: 0.002s
```

图 9-58

分析：

从报错内容可以看出，这里要求 id 列是一个主键列或唯一键，然后才允许设置 auto_increment 属性。也就是需要先执行下面的 SQL 代码，然后再去执行上面的 SQL 代码。

```
alter table fruit8
add primary key(id);
```

举例：删除自动递增

```
alter table fruit8
modify id int;
```

运行结果如图 9-59 所示。

```
> OK
> 时间: 0.08s
```

图 9-59

分析：

modify id int 表示修改 id 这一列，重置它所有的属性。属性被重置后，id 列就没有了 auto_increment 属性，所以就相当于删除了自动递增。

举例：添加注释

```
alter table fruit8
modify id int comment '水果id';
```

运行结果如图 9-60 所示。

> OK
> 时间: 0.016s

图 9-60

▶ 举例：删除注释

```
alter table fruit8
modify id int comment '';
```

运行结果如图 9-61 所示。

> OK
> 时间: 0.016s

图 9-61

▶ 分析：

如果想要删除某一列的注释，那么只需要将该列的注释内容设置为一个空字符串就可以了。

需要说明的是：对于列的属性，还是推荐在建表的同时就设置好。如果在建好表之后再去设置列的属性，这样是非常麻烦的。只有在不得已的情况下，才考虑使用这一节介绍的方式去设置列的属性。

9.11　本章练习

一、单选题

1. 如果想要为某一列添加主键，则应该使用（　　）关键字。

    A. primary key　　　B. unique　　　　　C. foreign key　　　D. default

2. 在 MySQL 中，每一列最多有（　　）个 default 约束。

    A. 0　　　　　　　　B. 1　　　　　　　　C. 2　　　　　　　　D. 无数

3. 下列说法中，不正确的是（　　）。

    A. 一个表只能有一个主键　　　　　　　B. 一个表可以有多个主键

    C. 一个表可以有多个外键　　　　　　　D. 一个表可以有多个唯一键

4. 下面关于检查约束（check）的说法中，正确的是（   ）。

   A. 一个列只能设置一个检查约束

   B. 一个列可以设置多个检查约束

   C. 检查约束中只能写一个检查条件

   D. 不同列的检查约束的条件必须不同

5. 下面关于各种属性的说法中，正确的是（   ）。

   A. 默认情况下，列的默认值是 0

   B. 所有表都必须有一个主键

   C. 主键允许有重复值

   D. 唯一键允许值为 null

6. 下面关于主键的说法中，正确的是（   ）。

   A. 只允许表的第一列创建主键

   B. 一个表允许有多个主键

   C. 主键的值允许为 null

   D. 子表中设置了外键的列的类型必须和父表中对应列的类型相同

7. 下面关于 auto_increment 属性的说法中，正确的是（   ）。

   A. auto_increment 属性可以用于浮点数列，也可以用于字符串列

   B. 一个表只能有一个具有 auto_increment 属性的列

   C. 设置了 auto_increment 属性的列可以使用 default 属性来指定默认值

   D. 只能给主键列设置 auto_increment 属性

8. 假如 A 表和 B 表建立了外键关系，其中 B 表依赖于 A 表。如果想要把 A 表和 B 表都删除，那么下列说法正确的是（   ）。

   A. 只有删除 A 表之后，才能删除 B 表

   B. 只有删除 B 表之后，才能删除 A 表

   C. 删除 A 表和 B 表的顺序可以任意

   D. 以上说法都不对

二、问答题

1. 请列举常见的列的属性（约束）（至少 5 个）。

2. 请简述一下主键和唯一键的区别。

三、编程题

请使用 SQL 语句创建 student 表，该表包含 5 列，其中列名、类型、注释等列的情况如表 9-4 所示。

表 9-4　列的情况

列　　名	类　　型	注　　释
sno	int	学号
name	varchar(10)	姓名
sex	char(5)	性别
age	int	年龄
major	varchar(20)	专业

这些列的约束（列的属性）包括以下 4 个方面。

（1）学号作为主键，并且是自动递增的，从 1 开始，增量为 1。

（2）姓名不允许为空。

（3）性别的值只能是：男和女。

（4）年龄的值在 0 和 100 之间。

第 2 部分
高级技术

第 10 章

多表查询

10.1　多表查询简介

从"9.8 外键"这一节可以知道，表与表之间可以通过外键来建立依赖关系。实际上，表与表之间的关系有 3 种（见图 10-1）：① 一对一，② 一对多，③ 多对多。注意，一对多和多对一实际上是一样的，只是角度不同而已。

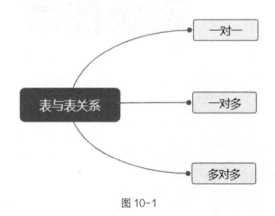

图 10-1

在实际开发中，我们并不会把所有数据都放在一个表中，而往往会将数据拆分到多个表中。如果把所有数据都放在一个表中，那么不仅维护起来比较麻烦，而且查询时速度也非常慢。将数据拆分到多个表中，不仅可以减少冗余，也可以确保数据的一致性和完整性。

将数据拆分到多个表中后，如果想要查询相关数据，那么往往需要先将多个表连接起来，然后再进行查询，这种方式就叫作"多表查询"，也叫作"连接查询"。当两个或多个表存在相同意义的字段时，就可以通过这些字段来将这些表连接起来。

举个简单的例子，比如 fruit 表有一个名为"info"的列，该列保存的是水果的简介。info 列中一般有比较多的文字，因此它属于大文本字段（text），但是这个字段又不是每次都要用到，如果将 info 列存放在 fruit 表中，那么在查询其他数据时查询效率会受到影响。因此比较好的一种做法是：将 info 列单独拆分出来，放到另一个表中。然后当需要 info 列时，再连接这两个表进行查询即可。

在实际工作中，多表查询是常用的一种操作，所以小伙伴们要认真掌握。在 MySQL 中，多表连接的方式主要有以下 5 种。

- ▶ **集合运算**
- ▶ **内连接**
- ▶ **外连接**
- ▶ **笛卡儿积连接**
- ▶ **自连接**

从这一章开始，我们所有的操作都是基于 lvye 数据库的，所以需要在 Navicat for MySQL 中将当前数据库设置为"lvye"，具体操作如图 10-2 所示。

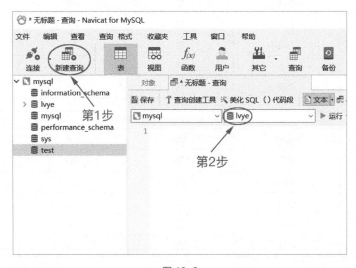

图 10-2

10.2 集合运算

表的集合运算跟数学中的集合运算是非常相似的。表的集合运算主要包括以下 3 种。

- ▶ **并集（union）**
- ▶ **交集（intersect）**
- ▶ **差集（except）**

为了方便这一节的学习，我们需要创建两个表：employee1 和 employee2。这两个表的结构是相同的，如表 10-1 所示。employee1 表的数据如表 10-2 所示，employee2 表的数据如表 10-3 所示。

表 10-1　表的结构

列　名	类　型	长　度	小　数　点	允许 null	是否主键	注　释
id	int			×	√	工号
name	varchar	10		√	×	姓名
sex	char	5		√	×	性别
age	int			√	×	年龄
title	varchar	20		√	×	职位

表 10-2　employee1 表的数据

id	name	sex	age	title
1	小红	女	36	会计
2	小丽	女	24	人事
3	小英	女	27	前台
4	张三	男	40	前端工程师
5	李四	男	32	后端工程师

表 10-3　employee2 表的数据

id	name	sex	age	title
4	张三	男	40	前端工程师
5	李四	男	32	后端工程师
6	小芳	女	21	文员
7	小玲	女	27	客服
8	小欣	女	25	行政

在 MySQL 中，可以使用 union 关键字来求两个表的并集。求两个表的并集，也就是对两个表进行加法运算，如图 10-3 所示。这种求并集的操作也叫作"**联合查询**"。"联合查询"这个术语非常重要，小伙伴们要清楚地知道它指的是什么。

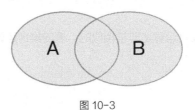

图 10-3

▶ **语法**：

```
select 列名 from 表A
union
select 列名 from 表B;
```

▶ **说明**：

union 关键字本质上用于求两个 select 语句的查询结果的并集。如果想要求多个表的并集，那么只需要使用多个 union 关键字就可以了。

▶ **举例**：union

```
select * from employee1
union
select * from employee2;
```

运行结果如图 10-4 所示。

id	name	sex	age	title
1	小红	女	36	会计
2	小丽	女	24	人事
3	小英	女	27	前台
4	张三	男	40	前端工程师
5	李四	男	32	后端工程师
6	小芳	女	21	文员
7	小玲	女	27	客服
8	小欣	女	25	行政

图 10-4

▶ **分析**：

对两个表求并集时，相同的记录只会保留一个，这一点和数学中的集合是相似的。在数学中，集合内不会出现相同的值，如果有相同的值，则只会保留一个。

union 关键字其实是对两个 select 语句查询的结果进行去重处理，如果想要在结果中保留重复的记录，应该怎么办呢？只需要在 union 关键字后面加上一个 all 关键字就可以了，请看下面的例子。

▶ **举例**：union all

```
select * from employee1
union all
select * from employee2;
```

运行结果如图 10-5 所示。

id	name	sex	age	title
1	小红	女	36	会计
2	小丽	女	24	人事
3	小英	女	27	前台
4	张三	男	40	前端工程师
5	李四	男	32	后端工程师
4	张三	男	40	前端工程师
5	李四	男	32	后端工程师
6	小芳	女	21	文员
7	小玲	女	27	客服
8	小欣	女	25	行政

图 10-5

▶ 分析：

从运行结果可以看出，"张三"和"李四"这两条重复的记录都被保留下来了。需要注意的是，如果想要对两个表求并集，那么这两个表需要满足这样一个条件：两个表的结构必须完全相同，包括列数相同、类型相同等。

关于对表求并集（union），我们可以总结出以下重要的 3 点。

▶ 对于参与求并集的表来说，它们的结构必须完全相同，包括列数相同、类型相同等。

▶ union 语句必须由两个或两个以上的 select 语句组成，然后 select 语句之间使用 union 关键字来连接。

▶ 在 union 语句中，只能使用一个 order by 子句或 limit 子句，并且它们必须放在最后一个 select 语句之后。

MySQL 只提供了获取并集的方式，并未提供直接获取交集和差集的方式。对于求表的交集和差集，需要使用子查询的方式来实现。不过在实际开发中，求表的交集和差集用得不多，我们简单了解即可。

10.3　内连接

上一节介绍了表的集合运算。表的集合运算本质上是以"行"为单位进行操作。简单来说，就是进行集合运算时，会导致行数增加或减少，但不会导致列数增加或减少。

接下来介绍的连接运算（包括内连接和外连接）则是以"列"为单位进行操作的。在实际开发中，数据往往会分散在不同的表中，而使用连接运算可以将多个表连接起来，以便选取数据。

在 MySQL 中，连接运算分为两种：①内连接（inner join），②外连接（outer join）。为了方便这一节的学习，我们接下来要创建两个表：staff 表和 market 表。

staff 表保存的是员工的基本信息，包括工号、姓名、性别、年龄等。staff 表的结构如表 10-4 所示，其数据如表 10-5 所示。

表 10-4　staff 表的结构

列　　名	类　　型	长　　度	允许 null	是否主键	注　　释
sid	char	5	×	√	工号
name	varchar	10	√	×	姓名
sex	char	5	√	×	性别
age	int		√	×	年龄

表 10-5　staff 表的数据

sid	name	sex	age
A101	杰克	男	35
A102	汤姆	男	21
A103	露西	女	40
A104	莉莉	女	32
A105	玛丽	女	28

market 表保存的是市场销售的基本信息，包括工号、月份、销量等。market 表的结构如表 10-6 所示，其数据如表 10-7 所示。

表 10-6　market 表的结构

列　　名	类　　型	长　　度	允许 null	是否主键	注　　释
sid	char	5	√	×	工号
month	int		√	×	月份
sales	int		√	×	销量

表 10-7　market 表的数据

sid	month	sales
A101	3	255
A101	4	182
A102	1	414
A103	5	278
A103	6	193
A104	10	430
A105	3	165
A105	5	327

需要注意的是，由于这里的工号并非是纯数字，所以 sid 这个字段应该使用 char 类型或 varchar 类型，而不能使用 int 类型。

10.3.1 基本语法

在 MySQL 中，可以使用 inner join 关键字来实现内连接。内连接指的是多个表通过"共享列"来进行连接。在实际开发中，内连接是多表连接中最常用的一种方式。

▼ **语法：**

```
select 列名
from 表A
inner join 表B
on 表A.列名 = 表B.列名;
```

▼ **说明：**

on 子句用于指定连接条件，类似于 where 子句。只不过 where 子句用于单表查询，而 on 子句用于多表查询。

▼ **举例：**

```
select *
from staff
inner join market
on staff.sid = market.sid;
```

运行结果如图 10-6 所示。

sid	name	sex	age	sid(1)	month	sales
A101	杰克	男	35	A101	3	255
A101	杰克	男	35	A101	4	182
A102	汤姆	男	21	A102	1	414
A103	露西	女	40	A103	5	278
A103	露西	女	40	A103	6	193
A104	莉莉	女	32	A104	10	430
A105	玛丽	女	28	A105	3	165
A105	玛丽	女	28	A105	5	327

图 10-6

▼ **分析：**

staff 和 market 这两个表有一个相同的列名"sid"。这个 sid 是连接这两个表的关键，on staff.sid=market.sid 其实就是将 sid 这个列设置为连接键。

需要注意的是，由于多表连接涉及多个表，因此如果想要使用某一列，那么需要在其前面加上一个表名，也就是使用"**表名.列名**"这样的形式，以表示这是哪一个表中的哪一列。我们看看下面的例子就懂了。

▶ **举例：**

```
select staff.name, market.month, market.sales
from staff
inner join market
on staff.sid = market.sid;
```

运行结果如图 10-7 所示。

name	month	sales
杰克	3	255
杰克	4	182
汤姆	1	414
露西	5	278
露西	6	193
莉莉	10	430
玛丽	3	165
玛丽	5	327

图 10-7

▶ **分析：**

上一个例子中的 select * 表示将两个表的所有列都显示出来。而对于这个例子来说，select staff.name, market.month, market.sales 表示获取下面 3 列。

▶ **staff 表的 name 列**。

▶ **market 表的 month 列**。

▶ **market 表的 sales 列**。

在多表连接中，需要明确选择的列属于哪个表，如果只写上 name 或 month，那么 MySQL 将无法知道这些列是属于哪个表的，特别是不同的表存在相同的列名时。

```
-- 错误方式
select name, month, sales
from staff
inner join market
on staff.sid = market.sid;
```

像上面这样把不同的表中相匹配的记录提取出来的连接方式，也被称为"内连接"。对于内连接来说，inner join 可以简写为 join，只不过在实际开发中更建议使用 inner join，因为 inner join 更能直观表示这是一个内连接。

对于这个例子来说，下面两种方式是等价的。小伙伴们可以自行测试一下。

```
-- 方式1：inner join
select staff.name, market.month, market.sales
from staff
inner join market
on staff.sid = market.sid;

-- 方式2：join
select staff.name, market.month, market.sales
from staff
join market
on staff.sid = market.sid;
```

在默认情况下，select * 用于多表连接时，运行结果中会出现重复的列，如图 10-8 所示。如果只想保留一列，那么应该把每一个列名都列举出来，请看下面的例子。

sid	name	sex	age	sid(1)	month	sales
A101	杰克	男	35	A101	3	255
A101	杰克	男	35	A101	4	182
A102	汤姆	男	21	A102	1	414
A103	露西	女	40	A103	5	278
A103	露西	女	40	A103	6	193
A104	莉莉	女	32	A104	10	430
A105	玛丽	女	28	A105	3	165
A105	玛丽	女	28	A105	5	327

图 10-8

▶ 举例：去除重复列

```
select staff.sid, staff.name, staff.sex, staff.age, market.month, market.sales
from staff
inner join market
on staff.sid = market.sid;
```

运行结果如图 10-9 所示。

sid	name	sex	age	month	sales
A101	杰克	男	35	3	255
A101	杰克	男	35	4	182
A102	汤姆	男	21	1	414
A103	露西	女	40	5	278
A103	露西	女	40	6	193
A104	莉莉	女	32	10	430
A105	玛丽	女	28	3	165
A105	玛丽	女	28	5	327

图 10-9

▶ 分析：

从运行结果可以看出，此时不存在重复的列了。不过这种方式需要我们手动地把每一列的列名都列举出来。由于可以使用"staff.*"来表示获取 staff 表的所有列，所以这个例子的代码可以简写为下面的代码。

```
select staff.*, market.month, market.sales
from staff
inner join market
on staff.sid = market.sid;
```

▶ 举例：给表起一个别名

```
select s.name, m.month, m.sales
from staff as s
inner join market as m
on s.sid = m.sid;
```

运行结果如图 10-10 所示。

name	month	sales
杰克	3	255
杰克	4	182
汤姆	1	414
露西	5	278
露西	6	193
莉莉	10	430
玛丽	3	165
玛丽	5	327

图 10-10

▶ 分析：

在多表连接中，可以使用 as 关键字来给表起一个别名。这在表名比较复杂时是非常有用的。给表起一个易于理解的别名，可以让代码的可读性更高。

▶ 举例：使用 where 子句

```
select staff.name, market.month, market.sales
from staff
inner join market
on staff.sid = market.sid
where market.sales > 200;
```

运行结果如图 10-11 所示。

name	month	sales
杰克	3	255
汤姆	1	414
露西	5	278
莉莉	10	430
玛丽	5	327

图 10-11

▶ 分析：

where market.sales>200 表示从查询结果中选取 market.sales 大于 200 的记录。需要注意的是，这里不能写成 where sales>200，而应该写成 where market.sales>200。

总而言之：**在多表连接中，不管是在什么子句中，所有列名前面都应该加上表名**，这样 MySQL 才能正确判断其是哪一个表中的哪一列。

10.3.2　深入了解

1．单表查询

在单表查询中，列名前面的表名前缀是可以省略的，也就是 "表名.列名" 可以直接写成 "列名"。

```
-- 简写方式
select name, type, price
from fruit;
```

上面的 SQL 代码本质上等价于下面的 SQL 代码。

```
-- 完整写法
select fruit.name, fruit.type, fruit.price
from fruit;
```

由于这里只有一个表，MySQL 已经自动识别了这些列都是 fruit 表的列，所以就没必要在列名前面加上表名前缀了。

2．using（列名）

在前面的例子中，我们指定了 staff.sid=market.sid，表示将两个表的 sid 列作为连接键。实际上，这里只需要列的内容相同即可，列名可以不相同。即使一个表的列名为 sidA，另一个表的列名为 sidB 也没有关系。在这种情况下，只需要写成 on staff.sidA=market.sidB 即可，MySQL 会根据这两个列的值进行判断。

在前面的例子中，作为连接键的两个列的名称刚好都是 sid。如果两个表的连接键的名称是相同的，那么可以使用更为简单的一种方式来表示：using(列名)。

下面两种方式是等价的，也就是说 on staff.sid=market.sid 等价于 using(sid)。小伙伴们可以自行测试一下。

```
-- 方式1
select *
from staff
inner join market
on staff.sid = market.sid;

-- 方式2
select *
from staff
inner join market
using(sid);
```

不过在实际开发中，对于用来作为连接键的列，更推荐使用相同的列名。主要是因为使用相同的列名理解起来更直观、容易。

3. 连接多个表

在 MySQL 中，内连接（inner join）不仅可以连接两个表，还可以同时连接多个表（3 个或 3个以上）。如果想要连接多个表，那么只需要多次使用"inner join...on..."即可。

▶ **语法：**

```
select 列名
from 表A
inner join 表B on 连接条件
inner join 表C on 连接条件
......
;
```

▶ **说明：**

接下来创建一个名为"area"的表，该表保存的是员工所在区域的信息，包括工号、城市等。area 表的结构如表 10-8 所示，其数据如表 10-9 所示。

表 10-8　area 表的结构

列　名	类　型	长　度	允许 null	是否主键	注　释
sid	char	5	√	×	工号
city	varchar	10	√	×	城市

表 10-9　area 表的数据

sid	city
A101	北京
A102	上海
A103	广州
A104	深圳
A105	杭州

▶ **举例：**

```
select staff.name, market.month, market.sales, area.city
from staff
inner join market using(sid)
inner join area using(sid);
```

运行结果如图 10-12 所示。

name	month	sales	city
杰克	3	255	北京
杰克	4	182	北京
汤姆	1	414	上海
露西	5	278	广州
露西	6	193	广州
莉莉	10	430	深圳
玛丽	3	165	杭州
玛丽	5	327	杭州

图 10-12

▶ **分析：**

如果不使用"using(列名)"，而使用"on"，那么应该写成下面这样。小伙伴们可以自行测试以对比这两种写法。

```
select staff.name, market.month, market.sales, area.city
from staff
inner join market on staff.sid = market.sid
inner join area on staff.sid = area.sid;
```

4. 查询条件

在内连接中，on 子句用于指定查询条件。一般情况下，我们都是使用等值连接。比如 on staff.sid=market.sid 表示查询数据时，需要满足 staff.sid=market.sid 这个条件。

实际上，内连接的查询条件并不一定要使用"="。除了等值连接，还可以使用非等值连接。非等值连接指的是 on 子句使用除了等号（=）外的其他比较运算符（如 >、>=、<、<=、<> 等）来进行连接，比如 staff.sid<>market.sid。

也就是说，内连接可以分为两种：等值连接与非等值连接。其中，等值连接使用"="来进行连接，这是内连接最常用的方式；非等值连接使用除"="之外的比较运算符（如 >、>=、<、<=、<> 等）来进行连接，这种方式用得比较少。

10.4 外连接

10.4.1 外连接是什么

在介绍外连接之前，我们先来看一个简单的例子。先在上一节的 staff 表中增加两条记录（见表 10-10），这两条记录的 sid 在 market 表中是没有的。然后在 market 表中增加一条记录（见表 10-11），这条记录的 sid 在 staff 表中是没有的。

表 10-10 staff 表的数据

sid	name	sex	age
A101	杰克	男	35
A102	汤姆	男	21
A103	露西	女	40
A104	莉莉	女	32
A105	玛丽	女	28
A106	**詹姆斯**	**男**	**42**
A107	**安东尼**	**男**	**25**

表 10-11 market 表的数据

sid	month	market
A101	3	255
A101	4	182
A102	1	414
A103	5	278
A103	6	193
A104	10	430
A105	3	165
A105	5	327
A111	**6**	**250**

▶ **举例**：

```
select *
from staff
inner join market
on staff.sid = market.sid;
```

运行结果如图 10-13 所示。

sid	name	sex	age	sid(1)	month	sales
A101	杰克	男	35	A101	3	255
A101	杰克	男	35	A101	4	182
A102	汤姆	男	21	A102	1	414
A103	露西	女	40	A103	5	278
A103	露西	女	40	A103	6	193
A104	莉莉	女	32	A104	10	430
A105	玛丽	女	28	A105	3	165
A105	玛丽	女	28	A105	5	327

图 10-13

▶ **分析**：

如果使用 inner join 关键字来连接 staff 表和 market 表，那么在查询结果中，A106、A107、A111 这 3 个 sid 对应的记录并不会显示出来。这是因为 A106 和 A107 是 staff 表独有的，而 A111 是 market 表独有的。

也就是说，内连接只会提取与连接键相匹配的结果，而单独存在于某一个表中的记录则会被忽略。但是有时我们想要把所有记录都显示出来，应该怎么办呢？这个时候就需要用到外连接了。

在 MySQL 中，根据连接时要提取的记录所处的表的位置，外连接可以分为以下 3 种类型。

- ▶ **左外连接**：连接左表。
- ▶ **右外连接**：连接右表。
- ▶ **完全外连接**：同时连接左表和右表。

10.4.2　左外连接

左外连接指的是根据"左表"来获取结果。在 MySQL 中，可以使用 left outer join 关键字来实现左外连接。

▶ **语法**：

```
select 列名
from 表A
left outer join 表B
on 表A.列名 = 表B.列名;
```

说明：

左外连接的语法和内连接的语法是相似的，只不过内连接使用的是 inner join 关键字，而左外连接使用的是 left outer join 关键字。

left outer join 可以简写为 left join，不过推荐使用 left outer join，因为这种写法的可读性更高。

举例：

```
select *
from staff
left outer join market
on staff.sid = market.sid;
```

运行结果如图 10-14 所示。

sid	name	sex	age	sid(1)	month	sales
A101	杰克	男	35	A101	3	255
A101	杰克	男	35	A101	4	182
A102	汤姆	男	21	A102	1	414
A103	露西	女	40	A103	5	278
A103	露西	女	40	A103	6	193
A104	莉莉	女	32	A104	10	430
A105	玛丽	女	28	A105	3	165
A105	玛丽	女	28	A105	5	327
A106	詹姆斯	男	42	(Null)	(Null)	(Null)
A107	安东尼	男	25	(Null)	(Null)	(Null)

图 10-14

分析：

在这个例子中，左边的表是 staff 表，右边的表是 market 表。由于这里使用的是左外连接，即根据左边的 staff 表所拥有的 sid 来查询结果，因此结果中会显示 sid 为 A106、A107 的记录，而不会显示 sid 为 A111 的记录。

由于在 market 表中并未找到 sid 为 A106 和 A107 的记录，所以其对应的列数据就是 null。

10.4.3 右外连接

右外连接指的是根据“右表”来获取结果。在 MySQL 中，可以使用 right outer join 关键字来实现右外连接。

语法：

```
select 列名
from 表A
```

```
right outer join 表B
on 表A.列名 = 表B.列名;
```

▶ 说明：

左外连接使用的是 left outer join 关键字，右外连接使用的是 right outer join 关键字。

right outer join 可以简写为 right join，不过推荐使用 right outer join，因为这种写法的可读性更高。

▶ 举例：

```
select *
from staff
right outer join market
on staff.sid = market.sid;
```

运行结果如图 10-15 所示。

sid	name	sex	age	sid(1)	month	sales
A101	杰克	男	35	A101	3	255
A101	杰克	男	35	A101	4	182
A102	汤姆	男	21	A102	1	414
A103	露西	女	40	A103	5	278
A103	露西	女	40	A103	6	193
A104	莉莉	女	32	A104	10	430
A105	玛丽	女	28	A105	3	165
A105	玛丽	女	28	A105	5	327
(Null)	(Null)	(Null)	(Null)	A111	6	250

图 10-15

▶ 分析：

左边的表是 staff 表，右边的表是 market 表。由于这里使用的是右外连接，即根据右边的 market 表所拥有的 sid 来查询结果，因此结果中会显示 sid 为 A111 的记录，而不会显示 sid 为 A106 和 A107 的记录。

10.4.4　完全外连接

在 SQL Server 等 DBMS 中，可以使用 full outer join 关键字来实现完全外连接。完全外连接指的是连接之后同时保留左表和右表的所有记录，它相当于左外连接和右外连接的并集。

不过 MySQL 并没有提供 full outer join 关键字，要想在 MySQL 中实现完全外连接，可以使用这种方式：**先获取左外连接的结果，然后获取右外连接的结果，最后使用 union 求并集。**

▎ **举例：**

```
select * from staff left outer join market on staff.sid = market.sid
union
select * from staff right outer join market on staff.sid = market.sid
```

运行结果如图 10-16 所示。

sid	name	sex	age	sid(1)	month	sales
A101	杰克	男	35	A101	3	255
A101	杰克	男	35	A101	4	182
A102	汤姆	男	21	A102	1	414
A103	露西	女	40	A103	5	278
A103	露西	女	40	A103	6	193
A104	莉莉	女	32	A104	10	430
A105	玛丽	女	28	A105	3	165
A105	玛丽	女	28	A105	5	327
A106	詹姆斯	男	42	(Null)	(Null)	(Null)
A107	安东尼	男	25	(Null)	(Null)	(Null)
(Null)	(Null)	(Null)	(Null)	A111	6	250

图 10-16

▎ **分析：**

我们可以将"完全外连接"视作"左外连接"和"右外连接"的并集。

10.4.5 深入了解

多表查询分为"内连接"和"外连接"这两种。其中，内连接一般也称为"等值连接"（非等值连接用得很少），它会返回两个表都符合条件的部分。内连接类似于连接之后取交集，如图 10-17 所示，注意是连接之后再取交集，而不是直接取两个表的交集。比如 staff.sid=market.sid，只有 staff 和 market 这两个表的 sid 字段的值都存在时，才会进行连接。

但是对于外连接来说，并不一定都是连接之后求并集。只有完全外连接（见图 10-18）才是连接之后取并集。如果是左外连接（见图 10-19）或右外连接（见图 10-20），则根据左表或右表来显示一个表的所有记录和另一个表中匹配的记录。

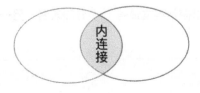

图 10-17　内连接（阴影部分）

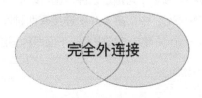

图 10-18　完全外连接（阴影部分）

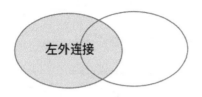

图 10-19　左外连接（阴影部分）

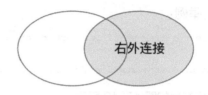

图 10-20　右外连接（阴影部分）

比如 staff.sid=market.sid，如果使用的是 left outer join 关键字，那么会根据 staff 表的 sid 值来进行连接，即使 market 表中不存在对应的 sid 值。如果使用的是 right outer join 关键字，那么会根据 market 表的 sid 值来进行连接，即使 staff 表中不存在对应的 sid 值。

在左外连接中，对于来自左表的连接键值，如果在右表中没有找到对应的连接键值，那么来自右表的列值将会是 null。在右外连接中，对于来自右表的连接键值，如果在左表中没有找到对应的连接键值，那么来自左表的列值将会是 null。如果是完全外连接，那么结果就是左外连接和右外连接的并集。

在实际开发中，我们应该清楚以下两点。

▶ **对于多表连接来说，最常用的是内连接，外连接用得比较少。**

▶ **如果使用外连接，那么一般只会用到左外连接，个别情况下会用到完全外连接。**

10.5　笛卡儿积连接

笛卡儿积连接也叫作"交叉连接"，它指的是同时从多个表中查询数据，然后组合返回的数据。笛卡儿积连接的特殊之处在于，如果不使用 where 子句指定查询条件，那么它就返回多个表的全部记录。

▼ **语法：**

```
select 列名
from 表名1，表名2;
```

▼ **说明：**

from 后面可以接多个表名，表名与表名之间使用英文逗号（,）分隔。对于笛卡儿积连接来说，可以使用 where 子句指定条件，也可以不指定条件。

在 MySQL 中，笛卡儿积连接有两种写法：一种是使用英文逗号（,）分隔表名，另一种是使用 cross join 关键字连接表名。下面两种写法是等价的。

```
-- 写法1
select 列名
from 表名1，表名2;
```

```
-- 写法2
select 列名
from 表名1 cross join 表名2;
```

之前创建了一个 staff 表和一个 employee 表。接下来删除这两个表的部分数据，得到的最新的 staff 表如图 10-21 所示，最新的 employee 表如图 10-22 所示。

sid	name	sex	age
A101	杰克	男	35
A102	汤姆	男	21
A103	露西	女	40
A104	莉莉	女	32

图 10-21

id	name	sex	age	title
1	张亮	男	36	前端工程师
2	李红	女	24	UI设计师
3	王莉	女	27	平面设计师

图 10-22

▶ **举例：**

```
select *
from staff, employee;
```

运行结果如图 10-23 所示。

sid	name	sex	age	id	name(1)	sex(1)	age(1)	title
A101	杰克	男	35	1	张亮	男	36	前端工程师
A101	杰克	男	35	2	李红	女	24	UI设计师
A101	杰克	男	35	3	王莉	女	27	平面设计师
A102	汤姆	男	21	1	张亮	男	36	前端工程师
A102	汤姆	男	21	2	李红	女	24	UI设计师
A102	汤姆	男	21	3	王莉	女	27	平面设计师
A103	露西	女	40	1	张亮	男	36	前端工程师
A103	露西	女	40	2	李红	女	24	UI设计师
A103	露西	女	40	3	王莉	女	27	平面设计师
A104	莉莉	女	32	1	张亮	男	36	前端工程师
A104	莉莉	女	32	2	李红	女	24	UI设计师
A104	莉莉	女	32	3	王莉	女	27	平面设计师

图 10-23

▶ **分析：**

从运行结果可以看出，返回的列数为 9，刚好是两个表的列数之和（staff 表是 4 列、employee 表是 5 列）；返回的行数是 12，刚好是两个表的行数之积（staff 表是 4 行、employee 表是 3 行）。

对于这个例子来说，下面两种方式是等价的。但在实际开发中，更推荐使用方式 1，因为它更加简洁。

```
-- 方式1
select *
from staff, employee;

-- 方式2
select *
from staff cross join employee;
```

笛卡儿积连接是非常有用的，不过对于初学者来说，这里简单了解即可。第 19 章将给小伙伴们展示如何正确地使用笛卡儿积连接。

10.6 自连接

MySQL 中还有一种很特殊的多表连接方式——自连接。在自连接时，连接的两个表是同一个表，因此一般需要为其起一个别名来进行区分。

▼ 语法：

```
select 列名
from 表名1 as 别名1, 表名1 as 别名2;
```

▼ 说明：

使用自连接时，我们必须给表定义不同的别名。因为是对同一个表进行连接，如果直接进行连接，就会有同名的列，这样就无法对列进行区分了。

我们可以将自连接看作一种特殊的笛卡儿积连接，只不过自连接中 from 子句使用的表是同一个表。这句话对于理解自连接来说非常重要。

这一节同样使用之前的 staff 表进行测试。staff 表的数据如图 10-24 所示。

sid	name	sex	age
A101	杰克	男	35
A102	汤姆	男	21
A103	露西	女	40
A104	莉莉	女	32

图 10-24

▼ 举例：

```
select *
from staff as s1, staff as s2;
```

运行结果如图 10-25 所示。

sid	name	sex	age	sid(1)	name(1)	sex(1)	age(1)
A101	杰克	男	35	A101	杰克	男	35
A102	汤姆	男	21	A101	杰克	男	35
A103	露西	女	40	A101	杰克	男	35
A104	莉莉	女	32	A101	杰克	男	35
A101	杰克	男	35	A102	汤姆	男	21
A102	汤姆	男	21	A102	汤姆	男	21
A103	露西	女	40	A102	汤姆	男	21
A104	莉莉	女	32	A102	汤姆	男	21
A101	杰克	男	35	A103	露西	女	40
A102	汤姆	男	21	A103	露西	女	40
A103	露西	女	40	A103	露西	女	40
A104	莉莉	女	32	A103	露西	女	40
A101	杰克	男	35	A104	莉莉	女	32
A102	汤姆	男	21	A104	莉莉	女	32
A103	露西	女	40	A104	莉莉	女	32
A104	莉莉	女	32	A104	莉莉	女	32

图 10-25

▶ **分析：**

这个例子是对 staff 表进行自连接，也就是说表只有一个，但表名有两个。由于 staff 表有 4 条记录，因此自连接之后就有 4×4=16 条记录。

这里小伙伴们可能就会问了："对一个表进行自连接，这样做有什么意义呢？"这是因为自连接的结果中会包含所有的组合，如果其中有你想要的组合，就可以通过设置条件来选出想要的组合。

接下来介绍自连接的一个比较经典的应用场景：**排名**。实际上，最新版本的 MySQL 已经提供了一个很好用的 rank() 函数来实现排名。如果不借助 rank() 函数，那么如何实现排名呢？此时使用自连接就可以很方便地实现了。

这里再次强调，排名和排序类似，不过它们之间有一定的区别：排名会新增一个列，用于显示排名的情况。比如我们对 staff 表的 age 列进行降序排列，此时得到的结果如图 10-26 所示。如果想要排名，那么应该增加一个列来显示名次，如图 10-27 所示。

sid	name	sex	age
A103	露西	女	40
A101	杰克	男	35
A104	莉莉	女	32
A102	汤姆	男	21

图 10-26

sid	name	sex	age	排名
A103	露西	女	40	1
A101	杰克	男	35	2
A104	莉莉	女	32	3
A102	汤姆	男	21	4

图 10-27

对于增加一列以显示名次这种情况，我们可以使用自连接来实现。查看自连接的前 4 条记录，如图 10-28 所示，左侧是所有员工的信息，而右侧都是"杰克"的信息。此时将"杰克"的年龄（35）与左侧的年龄进行比较，可以看出：大于或等于 35 的有 35 和 40 这两个，所以杰克的年龄排在第 2 名。

sid	name	sex	age	sid(1)	name(1)	sex(1)	age(1)
A101	杰克	男	35	A101	杰克	男	35
A102	汤姆	男	21	A101	杰克	男	35
A103	露西	女	40	A101	杰克	男	35
A104	莉莉	女	32	A101	杰克	男	35
A101	杰克	男	35	A102	汤姆	男	21
A102	汤姆	男	21	A102	汤姆	男	21
A103	露西	女	40	A102	汤姆	男	21
A104	莉莉	女	32	A102	汤姆	男	21
A101	杰克	男	35	A103	露西	女	40
A102	汤姆	男	21	A103	露西	女	40
A103	露西	女	40	A103	露西	女	40
A104	莉莉	女	32	A103	露西	女	40
A101	杰克	男	35	A104	莉莉	女	32
A102	汤姆	男	21	A104	莉莉	女	32
A103	露西	女	40	A104	莉莉	女	32
A104	莉莉	女	32	A104	莉莉	女	32

图 10-28

然后查看第 5~8 条记录，如图 10-29 所示。左侧是所有员工的信息，而右侧都是"汤姆"的信息。此时将"汤姆"的年龄（21）与左侧的年龄进行比较，可以看出：大于或等于 21 的有 40、35、32、21 这 4 个，所以汤姆的年龄排在第 4 名。

sid	name	sex	age	sid(1)	name(1)	sex(1)	age(1)
A101	杰克	男	35	A101	杰克	男	35
A102	汤姆	男	21	A101	杰克	男	35
A103	露西	女	40	A101	杰克	男	35
A104	莉莉	女	32	A101	杰克	男	35
A101	杰克	男	35	A102	汤姆	男	21
A102	汤姆	男	21	A102	汤姆	男	21
A103	露西	女	40	A102	汤姆	男	21
A104	莉莉	女	32	A102	汤姆	男	21
A101	杰克	男	35	A103	露西	女	40
A102	汤姆	男	21	A103	露西	女	40
A103	露西	女	40	A103	露西	女	40
A104	莉莉	女	32	A103	露西	女	40
A101	杰克	男	35	A104	莉莉	女	32
A102	汤姆	男	21	A104	莉莉	女	32
A103	露西	女	40	A104	莉莉	女	32
A104	莉莉	女	32	A104	莉莉	女	32

图 10-29

用同样的方式可以判断露西的年龄排在第 1 名，而莉莉的年龄排在第 3 名。

也就是说，我们只需要统计有多少个左侧的年龄大于右侧的年龄的记录，就可以获取对应的名次。对于个数的统计，可以使用 count(*) 函数来实现。

▼ 举例：

```
select *
from staff as s1, staff as s2
where s1.age <= s2.age;
```

运行结果如图 10-30 所示。

sid	name	sex	age	sid(1)	name(1)	sex(1)	age(1)
A101	杰克	男	35	A101	杰克	男	35
A102	汤姆	男	21	A101	杰克	男	35
A104	莉莉	女	32	A101	杰克	男	35
A102	汤姆	男	21	A102	汤姆	男	21
A101	杰克	男	35	A103	露西	女	40
A102	汤姆	男	21	A103	露西	女	40
A103	露西	女	40	A103	露西	女	40
A104	莉莉	女	32	A103	露西	女	40
A102	汤姆	男	21	A104	莉莉	女	32
A104	莉莉	女	32	A104	莉莉	女	32

图 10-30

◤ 分析：

上面获取的是左侧的年龄小于等于右侧的年龄的所有记录，然后只需要对左侧的 sid 进行分组，同时使用 count(*) 函数来统计每一个分组的个数，就可以获取对应的名次。

◤ 举例：实现排名

```
select s1.name, s1.age, count(*)
from staff as s1, staff as s2
where s1.age <= s2.age
group by s1.sid;
```

运行结果如图 10-31 所示。

name	age	count(*)
杰克	35	2
汤姆	21	4
莉莉	32	3
露西	40	1

图 10-31

◤ 分析：

为了使结果更加直观，我们还可以使用 order by 子句来对结果进行降序排列。执行下面的代码之后，结果如图 10-32 所示。

```
select s1.name as 姓名, s1.age as 年龄, count(*) as 排名
from staff as s1, staff as s2
where s1.age <= s2.age
group by s1.sid
order by 排名;
```

姓名	年龄	排名
露西	40	1
杰克	35	2
莉莉	32	3
汤姆	21	4

图 10-32

由于 MySQL 已经提供了 rank() 这样的函数，因此我们就没必要使用自连接来实现排名了。前面的例子只是为了让小伙伴们了解一下自连接是怎么使用的。自连接在实际开发中是非常重要的，这里小伙伴们暂时不用纠结，本书的实际案例部分会给大家详细介绍它的使用方法。

为了方便后续的学习，我们需要将 staff、market 和 employee 这 3 个表中的数据恢复成最初的样式，也就是执行下面这 3 段代码。

代码 1：恢复 staff 表

```
-- 清空表
truncate table staff;

-- 插入数据
insert into staff
values
('A101', '杰克', '男', 35),
('A102', '汤姆', '男', 21),
('A103', '露西', '女', 40),
('A104', '莉莉', '女', 32),
('A105', '玛丽', '女', 28);

-- 查看表
select * from staff;
```

代码 2：恢复 market 表

```
-- 清空表
truncate table market;

-- 插入数据
insert into market
values
('A101', 3, 255),
('A101', 4, 182),
('A102', 1, 414),
('A103', 5, 278),
('A103', 6, 193),
('A104', 10, 430),
('A105', 3, 165),
('A105', 5, 327);

-- 查看表
select * from market;
```

代码 3：恢复 employee 表

```
-- 清空表
truncate table employee;

-- 插入数据
insert into employee
values
(1, '张亮', '男', 36, '前端工程师'),
(2, '李红', '女', 24, 'UI工程师'),
(3, '王莉', '女', 27, '平面工程师'),
(4, '张杰', '男', 40, '后端工程师'),
(5, '王红', '女', 32, '游戏工程师');

-- 查看表
select * from employee;
```

10.7 本章练习

一、单选题

1. 对于多表连接来说，MySQL 默认的连接方式是（   ）。
   A. 内连接   B. 自连接   C. 左外连接   D. 右外连接
2. 如果想要合并两个结果集，并且保留重复记录，应该使用（   ）关键字。
   A. union   B. union all   C. all   D. join
3. 一个员工有多个手机号，每个手机号仅属于某个特定的员工，那么员工和手机号之间的关系是（   ）。
   A. 一对一   B. 一对多   C. 多对多   D. 以上都不对
4. 下面的说法中，不正确的是（   ）。
   A. select 语句既可以实现单表查询，也可以实现多表查询
   B. 联合查询是以"行"为单位进行操作的
   C. 内连接查询是以"行"为单位进行操作的
   D. 外连接查询是以"列"为单位进行操作的

二、问答题

1. 请简述一下表与表之间的关系有哪些。
2. 请简述一下 union 关键字和 union all 关键字之间的区别。
3. 请简述一下左外连接、右外连接和完全外连接之间的区别。

第11章

视图

11.1 创建视图

在介绍什么是视图之前，我们先来看一个简单的例子。从前面的学习可以知道，如果想要获取 staff 和 market 这两个表内连接的结果，并且要去除重复列，则代码应该写成下面这样。

```
select staff.sid, staff.name, staff.sex, staff.age, market.month, market.sales
from staff
inner join market
on staff.sid = market.sid;
```

上面的 select 语句很长，如果下次还需要获取这些信息，那么还得手动地再敲一遍这条 select 语句，显然这样是比较麻烦的。那么有没有一种更加简单的解决办法呢？答案是肯定的，那就是将这条 select 语句保存到"视图"里面去。

11.1.1 视图简介

视图和表类似，两者唯一的区别是：**表保存的是实际的数据，而视图保存的是一条 select 语句（视图本身并不存储数据）**。简单来说就是：视图是一个临时表或虚拟表。

视图和表一样，也支持增、删、查、改等操作。总而言之，对于视图，只需要将其看成一个特殊的表即可，只不过这个表保存的是一条 select 语句，而并非实际的数据。

在 MySQL 中，可以使用 create view 语句来创建一个视图。

▶ **语法：**

```
create view 视图名
as 查询语句;
```

▶ **说明：**

create view 语句由两部分组成：create view 后面接的是视图名，as 后面接的是一条 select 语句。

▶ **举例：**

```
create view fruit_v1
as select name, price from fruit;
```

运行结果如图 11-1 所示。

> OK
> 时间：0.012s

图 11-1

▶ **分析：**

当运行结果中有"OK"时，表示成功创建了一个名为"fruit_v1"的视图。那么怎样在 Navicat for MySQL 中查看这个视图呢？只需要执行以下两步就可以了。

① **刷新视图：** 选中左侧列表中的【视图】，单击鼠标右键并选择【刷新】，如图 11-2 所示，就可以看到刚刚创建的视图了。

图 11-2

② **查看视图：** 选中【fruit_v1】，单击鼠标右键并选择【打开视图】，如图 11-3 所示，就可以查看视图的内容了。

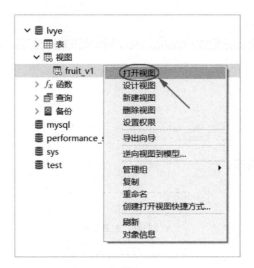

图 11-3

如果想要查询某个表的所有数据，那么可以使用"select * from 表名 ;"的方式来实现。视图和表是一样的，如果想要查询某个视图的所有数据，那么可以使用"select * from 视图名 ;"的方式来实现。

▼ 举例：

```
select *
from fruit_v1;
```

运行结果如图 11-4 所示。

name	price
葡萄	27.3
柿子	6.4
橘子	11.9
山竹	40.0
苹果	12.6
梨子	13.9
西瓜	4.5
菠萝	11.9
香瓜	8.8
哈密瓜	7.5

图 11-4

▼ 分析：

需要强调一点，视图保存的是一条 select 语句，并不是查询结果。视图名其实就相当于某条 select 语句的别名。在创建视图时，并不是把查询结果保存起来，而是把 select 语句保存起来。

在对视图进行查询时，MySQL 会先将针对视图的查询语句转换为针对原表的查询语句，然后再去执行。也就是说，执行 select *from fruit_v1; 语句，最终执行的是下面这条语句。

```
select name, price
from fruit;
```

虽然视图的实现原理是在执行语句时转换为对原表进行操作，但是在使用层面上，我们完全可以把视图当作表来使用。

▼ 举例：结合 where 子句

```
-- 创建视图
create view fruit_v2
as select name, price from fruit where price < 10;

-- 查看视图
select * from fruit_v2;
```

运行结果如图 11-5 所示。

name	price
柿子	6.4
西瓜	4.5
香瓜	8.8
哈密瓜	7.5

图 11-5

▼ 分析：

小伙伴们需要牢牢记住这么一句话：**视图本质上保存的是一条 select 语句**。所以创建视图时使用的 select 语句与普通的 select 语句是一样的，同样可以有 where 子句。

介绍了这么多，那么视图到底有什么用呢？其实视图的应用场景有很多，主要有以下3个方面。

- ▶ **聚焦特定数据**：比如某一个表的列非常多，而我们一般只会用到某几个列的数据，此时就可以使用视图来聚焦特定的数据，为用户定制数据。
- ▶ **提高重用性**：如果一个查询操作经常被使用，并且 select 语句本身又长又复杂（比如使用了很多聚合函数、关联了其他表等），那么我们可以将其保存成一个视图。
- ▶ **提高安全性**：对于一些不能被修改的重要字段，如果我们不希望其被用户误操作，那么可以使用视图只显示一些不重要的字段，而把那些重要的字段隐藏起来。

11.1.2   修改数据

对于一个表来说，修改数据的操作包括：插入（insert）、更新（update）、删除（delete）。而在一个视图中，我们同样可以对其进行这 3 种操作。

需要说明的是，在使用 union、inner join、子查询的视图中，不能执行 insert 和 update 这两种操作。而使用普通 select 语句的视图是允许执行 insert 和 update 这两种操作的。

1. 更新数据（update）

和表一样，我们也可以使用 update 语句来对一个视图的数据进行更新。需要注意的是，视图是原表的一部分，它指向的是原表的数据。所以更新视图中的数据时，原表中对应的数据也会发生改变。

▶ **语法：**
```
update 视图名
set 列名 = 新值；
```

▶ **说明：**

先确认一下 fruit 表（原表）的数据，如图 11-6 所示。然后确认一下 fruit_v1 视图的数据，如图 11-7 所示。

id	name	type	season	price	date
1	葡萄	浆果	夏	27.3	2022-08-06
2	柿子	浆果	秋	6.4	2022-10-20
3	橘子	浆果	秋	11.9	2022-09-01
4	山竹	仁果	夏	40.0	2022-07-12
5	苹果	仁果	秋	12.6	2022-09-18
6	梨子	仁果	秋	13.9	2022-11-24
7	西瓜	瓜果	夏	4.5	2022-06-01
8	菠萝	瓜果	夏	11.9	2022-08-10
9	香瓜	瓜果	夏	8.8	2022-07-28
10	哈密瓜	瓜果	秋	7.5	2022-10-09

图 11-6

name	price
葡萄	27.3
柿子	6.4
橘子	11.9
山竹	40.0
苹果	12.6
梨子	13.9
西瓜	4.5
菠萝	11.9
香瓜	8.8
哈密瓜	7.5

图 11-7

▶ **举例：更新视图**
```
-- 更新视图
update fruit_v1
set price = 30.0
where name = '葡萄';
```

```
-- 查看视图
select * from fruit_v1;
```

运行结果如图 11-8 所示。

name	price
葡萄	30.0
柿子	6.4
橘子	11.9
山竹	40.0
苹果	12.6
梨子	13.9
西瓜	4.5
菠萝	11.9
香瓜	8.8
哈密瓜	7.5

图 11-8

▶ **分析：**

更新了视图的数据之后，执行 select * from fruit; 语句来查看原表的数据，此时会发现原表的数据也被修改了，如图 11-9 所示。

id	name	type	season	price	date
1	葡萄	浆果	夏	30.0	2022-08-06
2	柿子	浆果	秋	6.4	2022-10-20
3	橘子	浆果	秋	11.9	2022-09-01
4	山竹	仁果	夏	40.0	2022-07-12
5	苹果	仁果	秋	12.6	2022-09-18
6	梨子	仁果	秋	13.9	2022-11-24
7	西瓜	瓜果	夏	4.5	2022-06-01
8	菠萝	瓜果	夏	11.9	2022-08-10
9	香瓜	瓜果	夏	8.8	2022-07-28
10	哈密瓜	瓜果	秋	7.5	2022-10-09

图 11-9

我们再来看一个相反的情况，如果更新原表的数据，那么视图的数据会不会也跟着改变呢？请看下面的例子。

▶ **举例：更新原表**

```
-- 更新原表
update fruit
set price = 10.0
where name = '柿子';
```

```
-- 查看原表
select * from fruit;
```

运行结果如图 11-10 所示。

id	name	type	season	price	date
1	葡萄	浆果	夏	30.0	2022-08-06
2	柿子	浆果	秋	10.0	2022-10-20
3	橘子	浆果	秋	11.9	2022-09-01
4	山竹	仁果	夏	40.0	2022-07-12
5	苹果	仁果	秋	12.6	2022-09-18
6	梨子	仁果	秋	13.9	2022-11-24
7	西瓜	瓜果	夏	4.5	2022-06-01
8	菠萝	瓜果	夏	11.9	2022-08-10
9	香瓜	瓜果	夏	8.8	2022-07-28
10	哈密瓜	瓜果	秋	7.5	2022-10-09

图 11-10

▶ **分析：**

更新了原表的数据之后，执行 select * from fruit_v1; 语句来查看视图的数据，此时会发现视图的数据也被修改了，如图 11-11 所示。

name	price
葡萄	30.0
柿子	10.0
橘子	11.9
山竹	40.0
苹果	12.6
梨子	13.9
西瓜	4.5
菠萝	11.9
香瓜	8.8
哈密瓜	7.5

图 11-11

视图是一个临时表，它本身并不保存数据，而是保存一条 select 语句。视图的数据都是来源于原表的。由于视图本身没有数据，因此对视图数据进行修改，本质上修改的是原表的数据。你可以这样认为：**视图和原表共享同一份数据**。

2. 插入数据（insert）

视图只是一个虚拟表，它并不会保存实际的数据。如果将一条记录插入一个视图中，那么会出现什么样的结果呢?

为了方便测试例子，我们需要在 Navicat for MySQL 中把 fruit 表的 id 这一列的主键取消，并且允许插入 null 值，此时 fruit 表的结构如图 11-12 所示。如果不这样做，那么当我们插入 id 为 null 的数据时，就无法插入成功。

名	类型	长度	小数点	不是 null	虚拟	键	注释
id	int			☐	☐		
name	varchar	10		☐	☐		
type	varchar	10		☐	☐		
season	varchar	5		☐	☐		
price	decimal	5	1	☐	☐		
date	date			☐	☐		

图 11-12

◤ 举例：往视图中插入数据

```
-- 插入数据
insert into fruit_v1
values('油桃', 19.8);

-- 查看视图
select * from fruit_v1;
```

运行结果如图 11-13 所示。

name	price
葡萄	30.0
柿子	10.0
橘子	11.9
山竹	40.0
苹果	12.6
梨子	13.9
西瓜	4.5
菠萝	11.9
香瓜	8.8
哈密瓜	7.5
油桃	19.8

图 11-13

◤ 分析：

往视图中插入了数据之后，执行select * from fruit;语句来查看原表中的数据，如图 11-14 所示。

id	name	type	season	price	date
1	葡萄	浆果	夏	30.0	2022-08-06
2	柿子	浆果	秋	10.0	2022-10-20
3	橘子	浆果	秋	11.9	2022-09-01
4	山竹	仁果	夏	40.0	2022-07-12
5	苹果	仁果	秋	12.6	2022-09-18
6	梨子	仁果	秋	13.9	2022-11-24
7	西瓜	瓜果	夏	4.5	2022-06-01
8	菠萝	瓜果	夏	11.9	2022-08-10
9	香瓜	瓜果	夏	8.8	2022-07-28
10	哈密瓜	瓜果	秋	7.5	2022-10-09
(Null)	油桃	(Null)	(Null)	19.8	(Null)

图 11-14

由于我们只往视图中的 name 和 price 这两列插入了数据，所以原表中其他列的值都为 null。

▶ 举例：往原表中插入数据

```
-- 插入数据
insert into fruit
values(12, '樱桃', '核果', '夏', 84.5, '2022-07-12');

-- 查看原表
select * from fruit;
```

运行结果如图 11-15 所示。

id	name	type	season	price	date
1	葡萄	浆果	夏	30.0	2022-08-06
2	柿子	浆果	秋	10.0	2022-10-20
3	橘子	浆果	秋	11.9	2022-09-01
4	山竹	仁果	夏	40.0	2022-07-12
5	苹果	仁果	秋	12.6	2022-09-18
6	梨子	仁果	秋	13.9	2022-11-24
7	西瓜	瓜果	夏	4.5	2022-06-01
8	菠萝	瓜果	夏	11.9	2022-08-10
9	香瓜	瓜果	夏	8.8	2022-07-28
10	哈密瓜	瓜果	秋	7.5	2022-10-09
(Null)	油桃	(Null)	(Null)	19.8	(Null)
12	樱桃	核果	夏	84.5	2022-07-12

图 11-15

▶ 分析：

往原表中插入了数据之后，执行 select * from fruit_v1; 语句来查看视图中的数据，如图 11-16 所示。

name	price
葡萄	30.0
柿子	10.0
橘子	11.9
山竹	40.0
苹果	12.6
梨子	13.9
西瓜	4.5
菠萝	11.9
香瓜	8.8
哈密瓜	7.5
油桃	19.8
樱桃	84.5

图 11-16

从上面两个例子可以看出，视图和原表是共享一份数据的，无论是往视图中还是往原表中插入数据，本质上都是往原表中插入数据。

接下来看一种特殊情况，也就是尝试在设置了条件的视图中插入不符合条件的数据，然后看看原表会发生什么变化。前面我们使用下面的代码创建了一个 fruit_v2 视图，此处就用 fruit_v2 视图进行测试。

```
-- 创建视图
create view fruit_v2
as select name, price from fruit where price < 10;
```

举例：

```
-- 插入数据
insert into fruit_v2
values('草莓', 32.6);

-- 查看视图
select * from fruit_v2;
```

运行结果如图 11-17 所示。

name	price
西瓜	4.5
香瓜	8.8
哈密瓜	7.5

图 11-17

分析：

往 fruit_v2 视图中插入了数据之后，执行 select * from fruit; 语句来查看原表中的数据，如图 11-18 所示。

id	name	type	season	price	date
1	葡萄	浆果	夏	30.0	2022-08-06
2	柿子	浆果	秋	10.0	2022-10-20
3	橘子	浆果	秋	11.9	2022-09-01
4	山竹	仁果	夏	40.0	2022-07-12
5	苹果	仁果	秋	12.6	2022-09-18
6	梨子	仁果	秋	13.9	2022-11-24
7	西瓜	瓜果	夏	4.5	2022-06-01
8	菠萝	瓜果	夏	11.9	2022-08-10
9	香瓜	瓜果	夏	8.8	2022-07-28
10	哈密瓜	瓜果	秋	7.5	2022-10-09
(Null)	油桃	(Null)	(Null)	19.8	(Null)
12	樱桃	核果	夏	84.5	2022-07-12
(Null)	草莓	(Null)	(Null)	32.6	(Null)

图 11-18

因为草莓的售价是 32.6，不符合 where price<10，所以并不会被插入 fruit_v2 视图中，这里是没有问题的。但是奇怪的是，原表中竟然插入了这个数据！小伙伴们一定要注意这么一点：**当往视图中插入数据时，即使不符合 where 条件，数据也会被直接插入原表中。**

那么怎样才能解决上面这种问题呢？我们可以这样做：在使用 create view 语句创建视图时，加上 with check option。对于 fruit_v2 视图来说，它的创建语句应该是下面这样。

```
create view fruit_v2
as select name, price from fruit where price < 10
with check option;
```

这样一来，如果往 fruit_v2 视图中插入不符合 where price<10 的数据，就会发生错误。小伙伴们可以自行尝试一下。

3. 删除数据（delete）

和表一样，我们也可以使用 delete 语句来删除视图中的数据。当然，删除视图中的数据本质上也会删除原表中对应的数据。

▶ 举例：

```
-- 删除数据
delete from fruit_v1
where name = '草莓';

-- 查看视图
select * from fruit_v1;
```

运行结果如图 11-19 所示。

name	price
葡萄	30.0
柿子	10.0
橘子	11.9
山竹	40.0
苹果	12.6
梨子	13.9
西瓜	4.5
菠萝	11.9
香瓜	8.8
哈密瓜	7.5
油桃	19.8
樱桃	84.5

图 11-19

▶ **分析：**

删除了 fruit_v1 视图中的"草莓"这一条记录之后，执行 select * from fruit; 语句来查看原表中的数据，可以发现原表中的"草莓"这一条记录被删除了，如图 11-20 所示。

id	name	type	season	price	date
1	葡萄	浆果	夏	30.0	2022-08-06
2	柿子	浆果	秋	10.0	2022-10-20
3	橘子	浆果	秋	11.9	2022-09-01
4	山竹	仁果	夏	40.0	2022-07-12
5	苹果	仁果	秋	12.6	2022-09-18
6	梨子	仁果	秋	13.9	2022-11-24
7	西瓜	瓜果	夏	4.5	2022-06-01
8	菠萝	瓜果	夏	11.9	2022-08-10
9	香瓜	瓜果	夏	8.8	2022-07-28
10	哈密瓜	瓜果	秋	7.5	2022-10-09
(Null)	油桃	(Null)	(Null)	19.8	(Null)
12	樱桃	核果	夏	84.5	2022-07-12

图 11-20

▶ **举例：**

```
-- 删除数据
delete from fruit
where name in ('油桃', '樱桃');

-- 查看原表
select * from fruit;
```

运行结果如图 11-21 所示。

id	name	type	season	price	date
1	葡萄	浆果	夏	30.0	2022-08-06
2	柿子	浆果	秋	10.0	2022-10-20
3	橘子	浆果	秋	11.9	2022-09-01
4	山竹	仁果	夏	40.0	2022-07-12
5	苹果	仁果	秋	12.6	2022-09-18
6	梨子	仁果	秋	13.9	2022-11-24
7	西瓜	瓜果	夏	4.5	2022-06-01
8	菠萝	瓜果	夏	11.9	2022-08-10
9	香瓜	瓜果	夏	8.8	2022-07-28
10	哈密瓜	瓜果	秋	7.5	2022-10-09

图 11-21

▶ **分析：**

删除了原表中的"油桃"和"樱桃"这两条记录之后，执行 select * from fruit_v1; 语句来查看视图中的数据，可以发现视图中的这两条记录也被删除了，如图 11-22 所示。

name	price
葡萄	30.0
柿子	10.0
橘子	11.9
山竹	40.0
苹果	12.6
梨子	13.9
西瓜	4.5
菠萝	11.9
香瓜	8.8
哈密瓜	7.5

图 11-22

虽然可以通过视图更新数据，但是有很多限制。一般情况下，最好将视图作为查询数据的虚拟表，而不要通过视图来更新数据。因为使用视图更新数据时，如果没有全面考虑在视图中更新数据的限制，那么可能会造成视图的数据更新失败。

最后我们需要清楚一点，并不是所有视图都允许修改数据（包括插入、更新、删除）。在 MySQL 中，以下几种视图不允许修改数据。

- ▶ 包含聚合函数的视图。
- ▶ 包含子查询的视图。
- ▶ 包含 distinct、group by、having、union 等关键字的视图。
- ▶ 由不可更新的视图所创建的视图。

常见问题

1. 视图保存的是一条 select 语句，那么是不是任意的 select 语句都可以保存呢?

并不是这样的，视图可以保存的 select 语句存在以下 3 个限制。这里简单了解一下就可以了，不必深究。

▶ select 语句不能包含 from 子句中的子查询。

▶ select 语句不能引用系统变量或用户变量。

▶ select 语句不能引用预处理语句参数。

2. 对于视图，还有什么需要注意和补充的吗?

在 MySQL 中，对于视图，我们还需要注意以下 4 点。

▶ 视图可以嵌套，也就是基于一个视图去建立另一个视图。

▶ 不能给视图建立索引，也不能有相关的触发器（因为视图本身是没有数据的）。

▶ 视图可以和表一起使用，比如连接表和视图的 select 语句。

▶ 视图的个数没有限制，但是过多的视图会影响 MySQL 的性能。

11.2 查看视图

在 MySQL 中，查看某个视图的基本信息有 3 种方式。

▶ 语法:

```
-- 方式1
describe 视图名;

-- 方式2
show table status like '视图名';

-- 方式3
show create view 视图名;
```

▶ 说明:

show table status like 语句后面接的是一个字符串，所以需要使用单引号把视图名引起来。

▶ 举例:

```
describe fruit_v1;
```

运行结果如图 11-23 所示。

Field	Type	Null	Key	Default	Extra
name	varchar(10)	YES		(Null)	
price	decimal(5,1)	YES		(Null)	

图 11-23

▶ 分析：

使用 describe 语句可以查看视图的字段信息，包括字段名、类型等。

▶ 举例：

```
show table status like 'fruit_v1';
```

运行结果如图 11-24 所示。

Name	Engine	Version	Row_forma	Rows
fruit_v1	(Null)		(Null)	(Null)	(Null)

图 11-24

▶ 分析：

使用 show table status like 语句可以查看视图的基本信息，包括视图名、引擎、版本等。

▶ 举例：

```
show create view fruit_v1;
```

运行结果如图 11-25 所示。

View	Create View	character_set_client	collation_connection
fruit_v1	CREATE ALGORITHM	utf8mb4	utf8mb4_0900_ai_ci

图 11-25

▶ 分析：

使用 show create view 语句可以查看视图的创建代码信息。

11.3　修改视图

在 MySQL 中，修改某个视图有以下两种方式。

▶ alter view

▶ create or replace view

11.3.1 alter view

如果想要修改一个表的结构，则可以使用 alter table 语句来实现。而如果想要修改一个视图的结构，则可以使用 alter view 语句来实现。

▶ **语法**：

```
alter view 视图名
as 查询语句;
```

▶ **说明**：

修改视图结构的语法和创建视图的语法基本相同，只是将 create view 改为了 alter view。

▶ **举例**：

```
alter view fruit_v1
as select name, type, price from fruit;
```

运行结果如图 11-26 所示。

```
> OK
> 时间: 0.025s
```

图 11-26

▶ **分析**：

当运行结果中有"OK"时，表示对 fruit_v1 视图进行了修改。修改一个视图，本质上是对该视图保存的 select 语句进行修改。

这个例子其实是将包含 name、price 这两列的视图修改成了包含 name、type、price 这 3 列的视图。我们可以执行select * from fruit_v1;语句来查看视图是否修改成功，结果如图 11-27 所示。

name	type	price
葡萄	浆果	30.0
柿子	浆果	10.0
橘子	浆果	11.9
山竹	仁果	40.0
苹果	仁果	12.6
梨子	仁果	13.9
西瓜	瓜果	4.5
菠萝	瓜果	11.9
香瓜	瓜果	8.8
哈密瓜	瓜果	7.5

图 11-27

为了方便后面的学习，我们需要执行下面的 SQL 代码来将 fruit_v1 视图还原。

```
alter view fruit_v1
as select name, price from fruit;
```

11.3.2 create or replace view

除了 alter view 语句之外，还有一种更加强大的方式，那就是使用 create or replace view 语句。

语法：

```
create or replace view 视图名
as 查询语句;
```

说明：

create or replace view 语句的强大之处在于，如果视图已经存在，那么就会对已存在的视图进行修改；如果视图不存在，那么就会创建一个新视图。

举例：alter view

```
alter view fruit_v3
as select * from fruit;
```

运行结果如图 11-28 所示。

```
> 1146 - Table 'lvye.fruit_v3' doesn't exist
> 时间: 0.007s
```

图 11-28

分析：

fruit_v3 这个视图一开始是不存在的，如果使用 alter view 语句对其进行修改，就会报错。

举例：create or replace view

```
create or replace view fruit_v3
as select * from fruit;
```

运行结果如图 11-29 所示。

```
> Affected rows: 0
> 时间: 0.012s
```

图 11-29

▶ **分析：**

使用 create or replace view 语句就不一样了，fruit_v3 视图是不存在的，所以这里会创建一个 fruit_v3 视图。执行 select * from fruit_v3; 语句，此时运行结果如图 11-30 所示。

id	name	type	season	price	date
1	葡萄	浆果	夏	27.3	2022-08-06
2	柿子	浆果	秋	6.4	2022-10-20
3	橘子	浆果	秋	11.9	2022-09-01
4	山竹	仁果	夏	40.0	2022-07-12
5	苹果	仁果	秋	12.6	2022-09-18
6	梨子	仁果	秋	13.9	2022-11-24
7	西瓜	瓜果	夏	4.5	2022-06-01
8	菠萝	瓜果	夏	11.9	2022-08-10
9	香瓜	瓜果	夏	8.8	2022-07-28
10	哈密瓜	瓜果	秋	7.5	2022-10-09

图 11-30

11.4　删除视图

如果想要删除某个表，我们可以使用 drop table 语句来实现。而如果想要删除某个视图，我们可以使用 drop view 语句来实现。

▶ **语法：**

```
drop view 视图名;
```

▶ **说明：**

使用 drop view 语句不仅可以删除一个视图，还可以同时删除多个视图，语法如下。

```
drop view 视图名1, 视图名2, ..., 视图名n;
```

如果想要删除的视图不存在，那么使用"drop view 视图名"这种方式就会报错。不过我们可以加上 if exists 关键字，这样即使视图不存在也不会报错，只是不执行删除操作而已。

```
drop view if exists 视图名;
```

需要清楚的是，删除一个视图只是删除视图的定义，并不会删除该视图对应的原表中的数据。

▶ 举例：

```
drop view if exists fruit_v1;
```

运行结果如图 11-31 所示。

> OK
> 时间：0.03s

图 11-31

▶ 分析：

当运行结果中有"OK"时，说明 fruit_v1 这个视图被删除了。打开 Navicat for MySQL，可以看到 fruit_v1 视图已经被删除了，如图 11-32 所示。

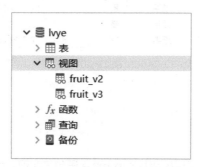

图 11-32

为了方便后面的学习，我们需要执行下面的 SQL 代码来把 fruit 表中的数据恢复成最初的样子。

```
-- 清空表
truncate table fruit;

-- 插入数据
insert into fruit
values
(1, '葡萄', '浆果', '夏', 27.3, '2022-08-06'),
(2, '柿子', '浆果', '秋', 6.4, '2022-10-20'),
```

```
(3, '橘子', '浆果', '秋', 11.9, '2022-09-01'),
(4, '山竹', '仁果', '夏', 40.0, '2022-07-12'),
(5, '苹果', '仁果', '秋', 12.6, '2022-09-18'),
(6, '梨子', '仁果', '秋', 13.9, '2022-11-24'),
(7, '西瓜', '瓜果', '夏', 4.5, '2022-06-01'),
(8, '菠萝', '瓜果', '夏', 11.9, '2022-08-10'),
(9, '香瓜', '瓜果', '夏', 8.8, '2022-07-28'),
(10, '哈密瓜', '瓜果', '秋', 7.5, '2022-10-09');

-- 查看表
select * from fruit;
```

11.5 多表视图

前面介绍的都是单表视图，也就是在一个表中选取若干列来创建一个视图。除了单表视图之外，还有一种多表视图。多表视图本质上是连接多个表并选取若干列来创建一个视图，所以多表视图涉及多表查询。

▼ 语法：

```
create view 视图名
as 查询语句；
```

▼ 说明：

创建多表视图的语法和创建单表视图的语法没有任何区别，都是使用 create view 语句来实现。

▼ 举例：

```
-- 创建视图
create view v1
as select staff.name, market.month, market.sales
    from staff
    inner join market
    on staff.sid = market.sid;

-- 查看视图
select * from v1;
```

运行结果如图 11-33 所示。

name	month	sales
杰克	3	255
杰克	4	182
汤姆	1	414
露西	5	278
露西	6	193
莉莉	10	430
玛丽	3	165
玛丽	5	327

图 11-33

▶ **分析：**

多表视图跟单表视图一样，两者保存的都是一条 select 语句。

11.6 本章练习

一、单选题

1. 在 MySQL 中，用于创建视图的语句是（   ）。
    A．create table   B．create index
    C．create view   D．create database
2. 在视图中不能完成的操作是（   ）。
    A．查询数据   B．更新数据
    C．在视图中创建新的表   D．在视图中创建新的视图
3. 在删除视图时，用于判断视图是否存在的关键字是（   ）。
    A．if exists   B．exists   C．as exists   D．is exists
4. 为了简化复杂的查询操作而又不增加数据占用的存储空间，常用的方法是创建一个（   ）。
    A．视图   B．索引   C．游标   D．另一个表
5. 下面关于创建视图的说法中，正确的是（   ）。
    A．视图只能创建在单表上
    B．创建视图时，with check option 是必需的
    C．可以基于两个或两个以上的表来创建视图
    D．删除一个视图会删除对应原表的数据
6. 下面关于视图的说法中，正确的是（   ）。
    A．通过视图可以插入数据、修改数据，但不能删除数据
    B．视图也可以由视图派生而来

    C. 查询视图的语句和查询表的语句是不一样的

    D. 视图是数据库用来存储数据的另一种形式的表

二、简答题

1. 请简述一下视图和表之间的区别和联系。

2. 请简述一下视图的作用。

三、编程题

请基于本书中的 fruit 表，写出相关操作对应的 SQL 语句。

（1）创建一个包含 name、price、date 这 3 列的视图，并命名为 fruit_v。

（2）查看创建 fruit_v 视图的代码。

（3）将 fruit_v 视图修改为包含 name、price 这两列的视图。

（4）删除 fruit_v 视图。

第 12 章

索引

12.1　索引简介

默认情况下,对于任何查询操作,数据库都会根据查询条件进行全表扫描,也就是从第一行数据一直扫描到最后一行数据,遇到符合条件的数据就会将其加入查询结果集中。表越大,查询所花费的时间就越多。对于大的表来说,如果想要快速查询出想要的数据,那么应该怎么处理更好呢?这个时候可以使用索引来实现了。

索引是建立在表中列上的一个数据库对象,在一个表中可以给一列或者多列设置索引。如果在查询数据时把设置的索引列作为查询列,那么就会大大提高查询速度。可能小伙伴们会问:"为什么给某一个字段设置索引,查询的速度就会变快呢?"

这是因为如果给某一个字段设置了索引,那么查询的时候会先去索引列表中查询,而不是对整个表进行查询。索引列表是 B 类树的数据结果,查询时间复杂度为 $O(\log_2^n)$,定位到特定值的行会非常快,所以其查询速度就会非常快。这里涉及一定的算法基础,不过小伙伴们只需要知道使用索引时查询速度非常快就可以了。

使用索引的目的就是提高查询特定数据的速度。SQL 索引在数据库优化中占有非常大的比例。一个好的索引设计,可以让查询效率提高几十倍甚至几百倍。

例如一个表中有 10 万行数据,现在要执行这样一个查询语句: select * from table where id=10000;。如果不使用索引,那么就必须从头开始遍历整个表,直到找到 id 等于 10 000 的这一行数据。但如果为 id 字段设置了一个索引,则不需要遍历整个表,而是直接在索引里找到 10 000,然后得到这一行的数据。你没有看错,索引可以直接定位到第 10 000 行,而不需要从第一行数据开始逐行扫描。

当然,如果只是对像本书例子中代码在 10 行以内的表进行操作,那么有没有索引都没有区别,因为数据量实在太小了。索引主要用于加快大数据的查询速度,小数据使用索引的实际意义不大。

12.2　创建索引

在 MySQL 中，可以使用 create index 语句来创建索引。需要注意的是，只能对表创建索引，而不能对视图创建索引。

▼ 语法：

```
create index 索引名
on 表名(列名);
```

▼ 举例：

```
create index name_index
on fruit(name);
```

运行结果如图 12-1 所示。

```
> OK
> 时间: 0.045s
```

图 12-1

▼ 分析：

当运行结果中有"OK"时，说明成功创建了一个名为"name_index"的索引，该索引是针对 name 这一列来创建的。也就是说，当我们对 name 这一列进行查询时（比如执行下面的 SQL 代码），查询速度会比原来没有设置索引时快得多。

```
select name, price
from fruit;
where name in ('葡萄', '柿子', '橘子');
```

常见问题

1.　为某一列建立索引，可以提高该列的查询速度。那么是不是意味着给所有列都建立索引会更好呢？

虽然建立索引可以提高列的查询速度，但是过多地使用索引却会降低 MySQL 本身的性能，主要包括以下两点。

▶ **过多的索引会降低修改表数据的速度。**

　　使用索引虽然可以提高查询速度，但是会降低修改表数据的速度。在修改表数据时，MySQL 会自动修改索引列的数据，以确保索引列的数据和表中的数据保持一致。

　　如果表中建立的索引过多，那么修改操作会浪费更多的时间，因此会降低进行 insert、update、delete 等操作的效率。总而言之：表中建立的索引越多，修改表数据的时间就会越长。

▶ **过多的索引会占用更多的存储空间。**

　　视图保存的是一条 select 语句，而不是具体的数据。但是索引和视图不一样，索引会保存具体的数据。也就是说，索引是需要使用额外的硬盘空间来存储的。如果表中建立了太多的索引，就会占用大量的存储空间。

　　从上面两点可以知道，索引作为提高查询速度的一种手段并不是万能的。如果存在数据量大的表，并且这些表的更新操作比较多，则需要认真设计有意义的索引才行，而不是凭着喜欢去设计。

　　2. 对于索引的使用，有什么好的建议吗？

　　在使用索引时，我们需要遵循以下两个原则。

▶ **数据量较小的表，最好不要建立索引。**

　　因为对于数据量较小的表来说，建立索引并不能显著提高查询速度。

▶ **在有较多不同值的字段上建立索引。**

　　如果一个字段的值较少，比如"sex"（性别）字段的值只有"男"和"女"，在这类字段上建立索引不仅不会提高查询速度，反而会降低更新速度。

12.3　查看索引

在 MySQL 中，可以使用 show index 语句来查看索引的基本信息。

▼ **语法**：

```
show index from 表名;
```

▼ **说明**：

上面的语法表示显示某一个表中的所有索引。

▼ **举例**：

```
show index from fruit;
```

运行结果如图 12-2 所示。

Table	Non_unique	Key_name	Seq_in_index	Column_name	Collation	Cardinality	Sub_part	Packed	Null	Index_type	Comment	Index_comment	Visible	Expression
fruit	1	name_index	1	fruit_name	A	10	(Null)	(Null)	YES	BTREE			YES	(Null)

图 12-2

▶ **分析：**

上面是使用代码的方式来查看索引，如果想要在 Navicat for MySQL 中查看索引，则只需要
执行以下两步就可以了。

① **显示表结构**：先选中 fruit 表，然后单击鼠标右键并选择【设计表】，如图 12-3 所示。

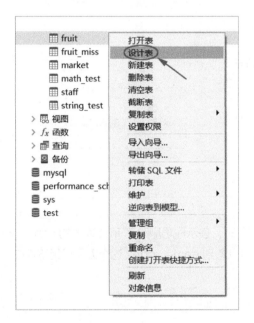

图 12-3

② **查看索引**：单击【索引】选项卡，就可以找到基于 fruit 表创建的所有索引，如图 12-4 所示。

图 12-4

12.4　删除索引

在 MySQL 中，可以使用 drop index 语句来删除某个索引。

▼ 语法：

```
drop index 索引名
on 表名;
```

▼ 举例：

```
drop index name_index
on fruit;
```

运行结果如图 12-5 所示。

```
> OK
> 时间: 0.047s
```

图 12-5

▼ 分析：

当运行结果中有"OK"时，表示成功删除了 fruit 表中的 name_index 索引。接着执行 show index from fruit; 语句，就可以看到 name_index 这个索引已经不存在了。

12.5　本章练习

单选题

1. 在 MySQL 中，不能对视图执行的操作是（　　）。
   A. select　　　　　B. insert　　　　　C. update　　　　　D. create index
2. 给表建立索引的主要目的是（　　）。
   A. 节省存储空间　　B. 提高安全性　　C. 提高查询速度　　D. 提高更新速度
3. 建立索引可以加快数据的（　　）速度。
   A. 插入　　　　　　B. 查询　　　　　C. 更新　　　　　D. 以上都是

第 13 章
存储程序

13.1 存储程序简介

在实际开发中,有些 SQL 代码是要经常重复使用的,如果每次都手动输入,那么会十分浪费时间和精力。有没有一种好的解决办法呢? 此时可以使用 MySQL 的存储程序来实现。

存储程序其实是一个统称,根据调用方式的不同,它可以分为存储例程、触发器、事件这 3 种。并且存储例程还可以细分为存储过程、存储函数这两种。存储程序的结构如图 13-1 所示。

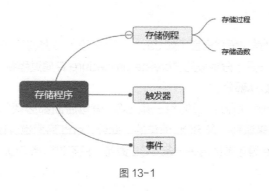

图 13-1

这些术语小伙伴们可能没听过,不过不用担心,很多术语只是看起来复杂,本身还是比较简单的。对于这些术语,本书也会尽可能用通俗易懂的方式来给大家介绍。

13.2 存储过程

存储过程(stored procedure)的"存储"(stored)表示保存,"过程"(proceure)表示步骤。也就是说,存储过程是用来保存一段 SQL 代码的。

在 MySQL 中，存储过程主要包括以下 4 个方面的内容。

- ▶ **创建存储过程。**
- ▶ **查看存储过程。**
- ▶ **修改存储过程。**
- ▶ **删除存储过程。**

13.2.1　创建存储过程

在 MySQL 中，存储过程一般分为两种：一种是"不带参数的存储过程"，另一种是"带参数的存储过程"。

1．不带参数的存储过程

在 MySQL 中，可以使用 create procedure 语句来创建一个存储过程。使用存储过程可以提高代码的重用性、共享性和可移植性。

▶ **语法**：

```
create procedure 存储过程名()
begin
    ......
end;
```

▶ **说明**：

小伙伴们如果接触过其他编程语言（如 Java、C++ 等），则会发现在 MySQL 中创建存储过程的语法跟定义函数的语法是十分相似的。"create procedure 存储过程名()"类似于函数名的定义，而 begin...end 类似于函数体部分。

需要注意的是，begin...end 内部的每一条 SQL 语句后面都必须加上英文分号（;），因为 MySQL 是根据英文分号来识别一条 SQL 语句的。此外，end 后面也应该加上一个英文分号，因为整个 create procedure 语句本身也是一条 SQL 语句，只不过这条 SQL 语句内部还有其他 SQL 语句而已。

▶ **举例**：

```
create procedure pr1()
begin
    select * from staff;
    select * from market;
end;
```

运行结果如图 13-2 所示。

> OK
> 时间: 0.038s

图 13-2

▶ **分析:**

当运行结果中有"OK"时,说明成功创建了一个名为"pr1"的存储过程。在 Navicat for MySQL 的左侧列表中选中【函数】之后,单击鼠标右键并选择【刷新】,可以看到刚刚创建的 pr1 存储过程,如图 13-3 所示。

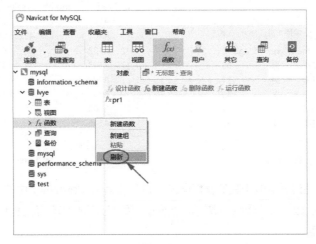

图 13-3

单击上方的【函数】按钮也可以找到刚刚创建的 pr1 存储过程,如图 13-4 所示。

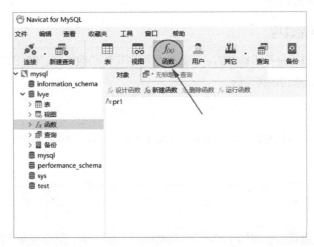

图 13-4

上面只是创建了一个存储过程，也就是把一段代码保存到了一个存储过程中。如果一个存储过程只有定义而没有被调用，那么是没有意义的。在 MySQL 中，可以使用 call 关键字来调用一个存储过程，语法如下。

```
call 存储过程名;
```

调用存储过程，指的就是执行存储过程中保存的 SQL 语句。例如执行 call pr1; 语句就会执行 pr1 存储过程中保存的两条 select 语句，结果如图 13-5 和图 13-6 所示。

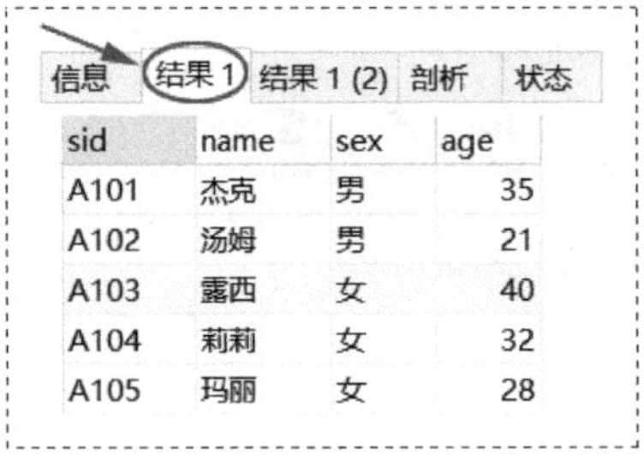

sid	name	sex	age
A101	杰克	男	35
A102	汤姆	男	21
A103	露西	女	40
A104	莉莉	女	32
A105	玛丽	女	28

图 13-5

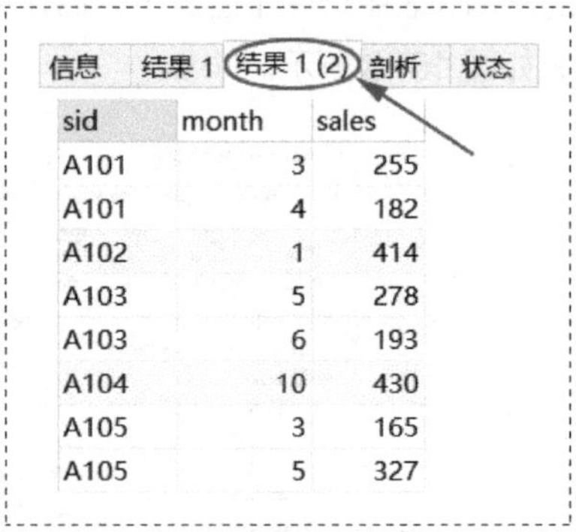

sid	month	sales
A101	3	255
A101	4	182
A102	1	414
A103	5	278
A103	6	193
A104	10	430
A105	3	165
A105	5	327

图 13-6

MySQL 中的存储过程类似于其他编程语言（如 Python、Java 等）中的函数。其他编程语言中的函数包含“定义函数”和“调用函数”两个部分。而 MySQL 的存储过程也有类似的两个部分。

- **定义存储过程。**
- **调用存储过程。**

这样一对比，就很好理解了。在接触一门新技术时，对比或类比是非常有用的一种学习手段，可以帮助我们更好地理解和记忆。

2. 带参数的存储过程

前面介绍的存储过程是不带参数的。和其他编程语言的函数一样，MySQL 的存储过程也是可以带参数的，它们的语法也是类似的。

语法：

```
create procedure 存储过程名(参数1 类型1, 参数2 类型2, ..., 参数n 类型n)
begin
    ......
end;
```

说明：

存储过程的参数是可以省略的（不写），当然也可以是一个、两个或两个以上。如果有多个参数，则参数之间用英文逗号（,）分隔。参数的个数取决于实际开发的需要。

此外，每一个参数的后面都需要有该参数的类型，不然就会报错。

▼ 举例：一个参数

```
create procedure pr2(n float)
begin
    select name, price from fruit where price < n;
end;
```

运行结果如图 13-7 所示。

```
> OK
> 时间：0.065s
```

图 13-7

▼ 分析：

当运行结果中有"OK"时，表示成功创建了一个名为"pr2"的存储过程。该存储过程有一个名为"n"的参数，参数的类型是 float。begin...end 内部就用到了这个参数 n。

```
select name, price from fruit where price < n;
```

上面这条 SQL 语句表示查询 price 小于 n 的所有记录。接下来在调用存储过程时需要传入一个实参（具体的值）。

```
call pr2(10.0);
```

上面的 SQL 语句表示调用 pr2 存储过程，并传入一个实参 10.0。这就相当于执行下面的 SQL 语句，其运行结果如图 13-8 所示。

```
select name, price from fruit where price < 10.0;
```

name	price
柿子	6.4
西瓜	4.5
香瓜	8.8
哈密瓜	7.5

图 13-8

如果存储过程中的 SQL 语句比较复杂，那么可以对其进行换行处理，只需要保证每一条 SQL 语句的最后都有一个英文分号就可以了。这个例子可以写成下面这样。

```
create procedure pr2(n float)
begin
    select name, price
    from fruit
    where price < n;
end;
```

◤ 举例：两个参数

```
create procedure pr3(a float, b float)
begin
    select name, price
    from fruit
    where price between a and b;
end;
```

运行结果如图 13-9 所示。

```
> OK
> 时间: 0.03s
```

图 13-9

◤ 分析：

当运行结果中有“OK”时，表示成功创建了一个名为“pr3”的存储过程。该存储过程有两个参数：a 和 b。这两个参数的类型都是 float。begin...end 内部就用到了这两个参数。

```
select name, price
from fruit
where price between a and b;
```

上面这段 SQL 代码表示查询 price 位于 a~b 的所有记录。接下来在调用存储过程时需要传入两个实参（具体的值）。

```
call pr3(10.0, 20.0);
```

上面的 SQL 语句表示调用 pr3 存储过程，并传入两个实参 10.0 和 20.0。这就相当于执行下面的 SQL 代码，运行结果如图 13-10 所示。

```
select name, price
from fruit
where price between 10.0 and 20.0;
```

name	price
橘子	11.9
苹果	12.6
梨子	13.9
菠萝	11.9

图 13-10

3. 参数前缀

在 MySQL 中，定义存储过程的参数时，可以在参数前面加上前缀。参数的前缀有以下 3 种。

▶ in（默认）：该参数的值是"只读取"的，它接收从外部传递过来的值，并将其作为初始值。在存储过程内部修改了该参数的值之后，并不会影响外部变量的值，也就是对调用者不可见。

▶ out：该参数的值是"只输出"的，它不把接收的从外部传递过来的值作为初始值，初始值始终是 null。在存储过程内部修改了该参数的值之后，会影响外部变量的值，也就是对调用者可见。

▶ inout：同时拥有 in 和 out 的特点，该参数可以接收从外部传递过来的值，并将其作为初始值。在存储过程内部修改了该参数的值之后，会影响外部变量的值。

▶ 举例：in

```
create procedure pr_in (in n int)
begin
    -- 查看参数n的初始值
    select n;
    -- 修改参数n的值
    set n = 20;
    -- 查看修改后的值
    select n;
end;
```

运行结果如图 13-11 所示。

> OK
> 时间：0.037s

图 13-11

▶ 分析：

在这个例子中，我们定义了一个名为"pr_in"的存储过程。该存储过程有一个名为"n"的参数，该参数的前缀是 in。

接下来执行下面的代码，也就是在存储过程外部定义一个 @a 变量，该变量的值为 10，然后把变量 @a 作为实参传递给 pr_in 存储过程。此时运行结果有两个，分别如图 13-12 和图 13-13 所示。

```
-- 定义变量
set @a = 10;

-- 调用存储过程
call pr_in(@a);
```

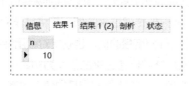

图 13-12

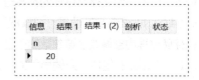

图 13-13

需要特别注意的是，对于用户自定义的变量，必须在变量名的前面加上"@"前缀，以表示这是用户自定义的变量，而不是系统自带的变量。

从上面的运行结果可以看到，变量 @a 的值被成功赋给了参数 n，参数 n 获得了一个初始值 10；并且在存储过程内部执行 set n=20; 代码后，可以看到参数 n 的最终值变成了 20。那么修改参数 n 的值会不会影响外部变量 @a 的值呢？

执行下面的代码，其运行结果如图 13-14 所示。可以清楚地看到，虽然参数 n 的值在存储过程内部被修改了，但是却没有影响变量 @a 的值，变量 @a 的值还是原来的 10。

```
select @a;
```

图 13-14

▶ 举例：out

```
create procedure pr_out (out n int)
begin
    -- 查看参数n的初始值
    select n;
    -- 修改参数n的值
    set n = 20;
```

```
    -- 查看修改后的值
    select n;
end;
```

运行结果如图 13-15 所示。

> OK
> 时间: 0.009s

图 13-15

▶ **分析**：

在这个例子中，我们定义了一个名为"pr_out"的存储过程。该存储过程有一个名为"n"的参数，该参数的前缀是 out。

接下来执行下面的代码，也就是在存储过程外部定义一个 @b 变量，该变量的值为 10，然后把变量 @b 作为实参传递给 pr_out 存储过程。此时运行结果有两个，分别如图 13-16 和图 13-17 所示。

```
-- 定义变量
set @b = 10;
```

```
-- 调用存储过程
call pr_out(@b);
```

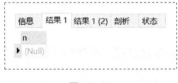

图 13-16

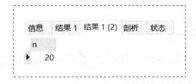

图 13-17

可能小伙伴们会觉得很奇怪，为什么第一个运行结果是 null 呢？这是因为 out 类型的参数是一个非常"固执"的参数。它不接收任何从外部传递过来的值，其初始值始终都是 null。所以 call pr_out(@b) 传递过来的值（10）并没有成功赋给参数 n。

虽然参数 n 不接收变量 @b 的值，但是它们却建立了关联。执行下面的代码，可以看到变量 @b 的值也变成了 20，如图 13-18 所示。也就是说，在存储过程内部修改参数 n 的值会影响外部变量 @b 的值。

```
select @b;
```

图 13-18

▶ 举例：inout

```
create procedure pr_inout (inout n int)
begin
    -- 查看参数n的初始值
    select n;
    -- 修改参数n的值
    set n = 20;
    -- 查看修改后的值
    select n;
end;
```

运行结果如图 13-19 所示。

图 13-19

▶ 分析：

在这个例子中，我们定义了一个名为"pr_inout"的存储过程。该存储过程有一个名为"n"的参数，该参数的前缀是 inout。

接下来执行下面的代码，也就是在存储过程外部定义一个 @c 变量，该变量的值为 10，然后把变量 @c 作为实参传递给 pr_inout 存储过程。此时运行结果有两个，分别如图 13-20 和图 13-21 所示。

```
-- 定义变量
set @c = 10;

-- 调用存储过程
call pr_inout(@c);
```

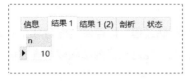

图 13-20

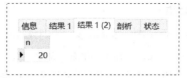

图 13-21

此时可以看到，变量 @c 的值（10）被成功赋给了参数 n，也就是说，inout 参数拥有 in 参数的特点，可以接收从外部传递过来的值，并将其作为初始值。

执行下面的代码，其运行结果如图 13-22 所示。可以清楚地看到，在存储过程内部修改参数 n 的值会影响外部变量 @c 的值。也就是说，inout 参数拥有 out 参数的特点，内部修改的值会直接反映到外部的变量中去。

```
select @c;
```

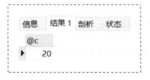

图 13-22

▶ 举例：实际应用

```
create procedure pr_price (
    out max_price float,
    out min_price float,
    out avg_price float
)
begin
    select max(price), min(price), avg(price)
    from fruit
    into max_price, min_price, avg_price;
end;
```

运行结果如图 13-23 所示。

```
> OK
> 时间: 0.026s
```

图 13-23

▼ 分析：

在这个例子中，我们定义了一个名为"pr_price"的存储过程。该存储过程有 3 个 out 类型的参数：max_price、min_price、avg_price。该存储过程的功能是：在内部获取最高售价、最低售价、平均售价，然后分别赋给这 3 个 out 类型的参数。

如果想要将查询的结果赋给变量，则可以使用 into 子句来实现。有多少个结果就需要使用多少个变量来保存，即结果的个数和变量的个数应该相等，否则就会有问题。

13.2.2　查看存储过程

在 MySQL 中，查看一个存储过程有以下两种方式。

▶ show procedure status like

▶ show create procedure

1. show procedure status like

在 MySQL 中，可以使用 show procedure status like 语句来查看某个存储过程的基本信息。

▼ 语法：

```
show procedure status like '存储过程名';
```

▼ 说明：

这里的存储过程名需要用英文单引号引起来。

▼ 举例：

```
show procedure status like 'pr1';
```

运行结果如图 13-24 所示。

Db	Name	Type	Definer	Modified	Created
lvye	pr1	PROCEDURI	root@local	2022-04-18	2022-04-18

图 13-24

2. show create procedure

在 MySQL 中，可以使用 show create procedure 语句来查看某个存储过程的创建代码信息。

▼ 语法：

```
show create procedure 存储过程名;
```

▼ **举例:**

```
show create procedure pr1;
```

运行结果如图 13-25 所示。

Procedure	sql_mode	Create Procedure	character_set_client	collation_connection
pr1	STRICT_TRANS_TA	CREATE DEFINER=`	utf8mb4	utf8mb4_0900_ai_ci

图 13-25

13.2.3　修改存储过程

在 MySQL 中,可以使用 alter procedure 语句来修改某个存储过程。

▼ **语法:**

```
alter procedure 存储过程名()
begin
    ……
end;
```

▼ **说明:**

　　使用 alter procedure 语句只能修改存储过程的特征,但是不能修改存储过程的名称和内容。如果想要修改存储过程的名称和内容,则应该这样来处理:先使用 drop procedure 语句来删除该存储过程,然后再使用 create procedure 语句来创建一个新的存储过程。

　　在实际开发中,一般情况下我们都是修改存储过程的名称或内容,很少会去修改存储过程的特征。所以对于 alter procedure 语句,小伙伴们简单了解即可。

13.2.4　删除存储过程

在 MySQL 中,可以使用 drop procedure 语句来删除某个存储过程。

▼ **语法:**

```
drop procedure 存储过程名;
```

先来确认一下当前已建立的存储过程都有哪些,如图 13-26 所示。

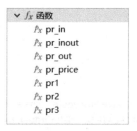

图 13-26

▶ **举例：**

```
drop procedure pr_price;
```

运行结果如图 13-27 所示。

图 13-27

▶ **分析：**

当运行结果中有"OK"时，表示成功删除了 pr_price 这个存储过程。选中左侧列表中的【函数】，单击鼠标右键并选择【刷新】，可以看到 pr_price 存储过程已经被删除了，如图 13-28 所示。

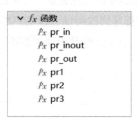

图 13-28

13.3 存储函数

存储函数和存储过程基本是相同的，两者最大的不同在于：**在调用存储过程之后，可以返回值也可以不返回值；而在调用存储函数之后，必须返回一个值。**

MySQL 中有非常多的函数，只不过那些都是 MySQL "内置"的函数。而使用存储函数可以让我们去定义属于自己的函数，所以存储函数也叫作"自定义函数"。

存储函数主要包括以下 6 个方面的内容。

- ▶ 创建存储函数。
- ▶ 查看存储函数。
- ▶ 修改存储函数。
- ▶ 删除存储函数。
- ▶ 变量的定义。
- ▶ 常用的语句。

13.3.1 创建存储函数

在 MySQL 中，可以使用 create function 语句来创建一个存储函数。

▶ **语法：**

```
create function 存储函数名 ( 参数 1 类型 1, 参数 2 类型 2, ..., 参数 n 类型 n) returns 返回值类型
begin
    ……
    return 返回值 ;
end;
```

▶ **说明：**

和存储过程一样，我们需要在"()"内指定参数。参数可以省略，也可以是一个、两个或两个以上。

在使用存储函数之前，我们需要确认一下当前环境是否开启了允许使用存储函数的设置。执行下面的代码，默认情况下运行结果中的 log_bin_trust_function_creators 对应的 Value 是"OFF"，如图 13-29 所示，表示未开启允许使用存储函数的设置。

```
-- 查看设置
show variables like 'log_bin_trust_function_creators';
```

Variable_name	Value
log_bin_trust_function_creators	OFF

图 13-29

接下来，我们需要执行下面的代码来开启设置。当运行结果中的 log_bin_trust_function_creators 对应的 Value 是"ON"时，如图 13-30 所示，表示开启了设置。

```
-- 开启设置
set global log_bin_trust_function_creators = 1;
```

-- 查看设置
```
show variables like 'log_bin_trust_function_creators';
```

Variable_name	Value
log_bin_trust_function_creators	ON

图 13-30

小伙伴们一定要记住，如果想要使用存储函数，一定要先确认允许使用存储函数的设置已经开启，否则就会报错。

▶ **举例：**

```
create function fn1() returns float
begin
    declare a float;
    select avg(price) from fruit into a;
    return a;
end;
```

运行结果如图 13-31 所示。

> OK
> 时间: 0.067s

图 13-31

▶ **分析：**

当运行结果中有"OK"时，表示成功创建了一个名为"fn1"的存储函数。该存储函数的返回值的类型是 float。在函数体中，我们使用 declare a float; 代码定义了一个名为"a"的变量，该变量的类型为 float。select avg(price) from fruit into a; 代码中的 into a 表示将查询结果保存到 a 这个变量中，最后再使用 return a; 代码将变量 a 的值作为存储函数的返回值返回。

在 Navicat for MySQL 中，选中左侧列表中的【函数】，单击鼠标右键并选择【刷新】，就可以看到刚刚创建的 fn1 存储函数了，如图 13-32 所示。

图 13-32

在 Navicat for MySQL 中，存储过程和存储函数都会被放到【函数】这一栏中。只不过会在名称左边使用一个符号来标识，其中，"px"表示这是一个存储过程，而"fx"表示这是一个存储函数。

从前面的例子可以知道，fn1 这个存储函数会返回 price 的平均值，接下来使用 select 语句来显示这个平均值。执行下面的语句之后，运行结果如图 13-33 所示。

```
select fn1();
```

图 13-33

存储过程必须使用 call 关键字才能调用。但是存储函数直接就可以调用，而不需要用到 call 关键字。此外，在存储函数内部，必须使用 return 来返回一个值，这一点和存储过程也是不一样的。

存储过程和存储函数之间的不同，主要体现在以下 4 个方面。

▶ **用途不同**：存储过程是一系列 SQL 语句的集合，它一般涉及表的各种操作；而存储函数一般不涉及表的操作，它拥有特定的功能（比如将大写字母转换为小写字母）。

▶ **参数不同**：存储过程的参数类型有 int、out、inout 这 3 种，而存储函数的参数类似于 in 参数。

▶ **返回值不同**：存储过程可以不返回值，也可以输出一个或多个结果集（注意是集合）；而存储函数有且只能返回一个值（这是标量值，而不是集合）。

▶ **调用方式不同**：存储过程需要使用 call 关键字来调用，而存储函数一般在 SQL 语句中调用（类似于内置函数）。

13.3.2 查看存储函数

和存储过程一样，在 MySQL 中查看某个存储函数也有类似的两种方式。

▶ show function status like。
▶ show create function。

1. show function status like

在 MySQL 中，可以使用 show function status like 语句来查看某个存储函数的基本信息。

▼ **语法**：

```
show function status like '存储函数名';
```

▼ **说明**：

这里的存储函数名需要用英文单引号引起来。

▶ **举例**：

```
show function status like 'fn1';
```

运行结果如图 13-34 所示。

Db	Name	Type	Definer	Modified	Created
lvye	fn1	FUNCTION	root@local	2022-04-18	2022-04-18

图 13-34

2. show create function

在 MySQL 中，可以使用 show create function 语句来查看某个存储函数的创建代码信息。

▶ **语法**：

```
show create function 存储函数名;
```

▶ **举例**：

```
show create function fn1;
```

运行结果如图 13-35 所示。

Function	sql_mode	Create Function	character_set_client	collation_connecti
fn1	STRICT_TRANS_TA	CREATE DEFINER=`rc	utf8mb4	utf8mb4_0900_ai_

图 13-35

13.3.3 修改存储函数

在 MySQL 中，可以使用 alter function 语句来修改某个存储函数。

▶ **语法**：

```
alter function 存储函数名()
begin
    ……
end;
```

▶ **说明**：

和 alter procedure 语句一样，alter function 语句只能用于修改存储函数的特征，但是不能用于修改存储函数的名称和内容。如果想要修改存储函数的名称和内容，则应该这样来处理：先使用 drop function 语句来删除该存储函数，然后再使用 create function 语句来创建一个新的存储函数。

在实际开发中，一般情况下我们都是修改存储函数的名称或内容，很少会去修改存储函数的特征。所以对于 alter function 语句，小伙伴们也只需要简单了解即可。

13.3.4 删除存储函数

在 MySQL 中，可以使用 drop function 语句来删除某个存储函数。

▼ **语法**：

```
drop function 存储函数名;
```

▼ **举例**：

```
drop function fn1;
```

运行结果如图 13-36 所示。

> OK
> 时间: 0.011s

图 13-36

▼ **分析**：

当运行结果中有"OK"时，表示成功删除了名为"fn1"的存储函数。在 Navicat for MySQL 中刷新左侧的列表中的【函数】栏，可以发现 fn1 存储函数已经被删除了，如图 13-37 所示。

图 13-37

13.3.5 变量的定义

在学习存储过程和存储函数时，小伙伴们已经初步了解了变量的使用方法，接下来将系统地给大家介绍变量的相关内容，让大家的知识体系更加完整。

在 MySQL 中，变量有两种：一种是"全局变量"，另一种是"局部变量"。

1. 全局变量

在 MySQL 中，可以使用 set 关键字来定义一个全局变量。对于全局变量，我们不需要声明就可以使用它。

▼ **语法：**

```
set @变量名 = 值;
```

▼ **说明：**

对于全局变量，我们必须在变量名的前面加上"@"这个前缀。

▼ **举例：**

```
-- 定义全局变量
set @m = 666;

-- 在存储过程外部访问变量 @m
select @m;

-- 定义存储过程
create procedure pr_global()
begin
    -- 在存储过程内部访问变量 @m
    select @m;
end;

-- 调用存储过程
call pr_global();
```

运行结果有两个，分别如图 13-38 和图 13-39 所示。

图 13-38

图 13-39

▼ **分析：**

从运行结果可以看出，在存储过程的外部和内部可以访问到全局变量的值。

2. 局部变量

在 MySQL 中，也可以使用 set 关键字来定义一个局部变量。和全局变量不同，我们必须先使用 declare 关键字声明局部变量之后才能去使用它。

▼ 语法：

```
-- 声明变量
declare 变量名 类型；

-- 初始化值
set 变量名 = 值；
```

▼ 说明：

对于局部变量名，我们不需要也不能在变量名的前面加上"@"这个前缀。

▼ 举例：

```
-- 定义存储过程
create procedure pr_local()
begin
    -- 声明变量
    declare n int;
    -- 初始化值
    set n = 888;
    -- 在存储过程内部访问变量n
    select n;
end;

-- 调用存储过程
call pr_local();

-- 在存储过程外部访问变量n
select n;
```

运行结果只有一个，如图 13-40 所示。

图 13-40

▶ 分析：

可以单独执行 select n; 语句，运行结果如图 13-41 所示。从这个例子可以看出，在存储过程内部定义的变量只能在内部访问，而不能在外部访问。

```
> 1054 - Unknown column 'n' in 'field list'
> 时间: 0s
```

图 13-41

13.3.6　常用的语句

对于存储过程或存储函数来说，begin...end 部分相当于函数体。在这个函数体中，我们可以使用以下两种语句。

- ▶ 判断语句。
- ▶ 循环语句。

这两种语句和其他编程语言中的语句是相似的，小伙伴们可以对比理解，从而更好地掌握这两种语句。

1. 判断语句

在 MySQL 中，可以使用 if...then... 语句来实现条件的判断。

▶ 语法：

```
if 判断条件 then
    ......
end if;
```

▶ 说明：

上面实现的是单向选择，如果需要实现双向选择，则可以使用下面的语法（多了一个 else 部分）。

```
-- 双向选择
if 判断条件 then
    ......
else
    ......
end if;
```

如果需要实现多向选择，则可以使用下面的语法（中间多了一个 elseif 部分）。当然，这里也可以使用多个 elseif 部分。

```
-- 多向选择
if 判断条件 then
    ......
elseif 判断条件 then
    ......
else
    语句列表；
end if;
```

▶ 举例：单向选择

```
-- 定义
create function fn_assess(score int) returns varchar(10)
begin
    declare result varchar(10);
    if score >= 60 then
        set result = '通过';
    end if;
    return result;
end;
```

```
-- 调用
select fn_assess(100) as 考试结果;
```

运行结果如图 13-42 所示。

考试结果
通过

图 13-42

▶ 分析：

在这个例子中，我们定义了一个名为"fn_assess"的存储函数，它有一个 int 类型的参数 score，并且其返回值的类型是 varchar(10)。

这个例子中的判断语句实现的是单向选择，执行 drop function fn_assess; 语句，把刚刚定义的 fn_assess 存储函数删除，然后再来创建一个判断语句实现的是双向选择的存储函数，请看下面的例子。

▶ 举例：双向选择

```
-- 定义
create function fn_assess(score int) returns varchar(10)
```

```
begin
    declare result varchar(10);
    if score >= 60 then
        set result = '通过';
    else
        set result = '补考';
    end if;
    return result;
end;

-- 调用
select fn_assess(59) as 考试结果;
```

运行结果如图 13-43 所示。

考试结果
补考

图 13-43

▶ 分析：

由于 59 小于 60，所以这里执行的是 else 部分，最终 result 的值是"补考"。这个例子中的判断语句实现的是双向选择，执行 drop function fn_assess; 语句，把 fn_assess 存储函数删除，然后再来创建一个判断语句实现的是多向选择的存储函数，请看下面的例子。

▶ 举例：多向选择

```
-- 定义
create function fn_assess(score int) returns varchar(10)
begin
    declare result varchar(10);
    if score < 60 then
        set result = '补考';
    elseif score >= 60 and score < 80 then
        set result = '及格';
    elseif score >= 80 and score < 90 then
        set result = '良好';
    else
        set result = '优秀';
    end if;
    return result;
end;

-- 调用
select fn_assess(90) as 考试结果;
```

运行结果如图 13-44 所示。

考试结果
优秀

图 13-44

2. 循环语句

除了判断语句之外，MySQL 还支持循环语句。循环语句有 3 种：while 语句、repeat 语句和 loop 语句。

（1）while 语句

在 MySQL 中，while 语句是最常用的一种循环语句。

▶ **语法：**

```
while 判断条件 do
    ……
end while;
```

▶ **说明：**

如果判断条件为真，就会一直执行 while 循环内部的语句；如果判断条件为假，就会退出 while 循环。

▶ **举例：** 1+2+3+…+n

```
-- 定义
create function fn_sum(n int) returns int
begin
    declare sum int default 0;
    declare i int default 1;
    while i <= n do
        set sum = sum + i;
        set i = i + 1;
    end while;
    return sum;
end;

-- 调用
select fn_sum(10) as 累加结果;
```

运行结果如图 13-45 所示。

累加结果
55

图 13-45

▶ 举例：

fn_sum 这个存储函数的功能是：计算 1+2+3+…+n 的和。为了方便测试后面的例子，我们需要执行 drop function fn_sum; 语句，把 fn_sum 存储函数删除。

（2）repeat 语句

在 MySQL 中，除了 while 语句，还可以使用 repeat 语句来实现循环。

▶ 语法：

```
repeat
    ......
until 表达式 end repeat;
```

▶ 说明：

使用 repeat 语句会先无条件执行循环体一次，然后再判断是否符合条件。如果符合条件，则重复执行循环体；如果不符合条件，则退出循环。

repeat 语句跟 while 语句是非常相似的，并且可以相互转换。

▶ 举例：1+2+3+…+n

```
-- 定义
create function fn_sum(n int) returns int
begin
    declare sum int default 0;
    declare i int default 1;
    repeat
        set sum = sum + i;
        set i = i + 1;
    until i > n end repeat;
    return sum;
end;

-- 调用
select fn_sum(10) as 累加结果;
```

运行结果如图 13-46 所示。

累加结果
55

图 13-46

▶ 分析：

为了方便测试后面的例子，我们需要执行 drop function fn_sum; 语句，把 fn_sum 存储函数删除。

（3）loop 语句

除了 while 和 repeat 这两种语句之外，还可以使用 loop 语句实现循环。

▼ **语法**：

```
loop
    ......
end loop;
```

▼ **说明**：

需要注意的是，loop 语句比较特别，它的循环终止条件需要写在循环体中。

▼ **举例**：

```
-- 定义
create function fn_sum(n int) returns int
begin
    declare sum int default 0;
    declare i int default 1;
    loop
        if i > n then
            return sum;
        end if;
        set sum = sum + i;
        set i = i + 1;
    end loop;
end;

-- 调用
select fn_sum(10) as 累加结果;
```

运行结果如图 13-47 所示。

累加结果
55

图 13-47

13.4 触发器

在实际开发中，我们可能会碰到这样的场景：当要对某个表进行删除操作时，就把删除的记录添加到另一个表中。像这种一旦进行删除操作就执行某些操作的场景需求，此时可以使用触发器来实现。

在 MySQL 中，触发器（trigger）指的是对表执行某一个操作时，会触发执行其他操作的一种机制。触发器会在对表进行 insert、update 和 delete 这 3 种操作的时候被触发。一个触发器被触发的时机可以分为以下两种。

▶ **before：在对表进行操作"之前"触发。**

▶ **after：在对表进行操作"之后"触发。**

在执行 insert、update 和 delete 这 3 种操作之前的列值可以使用"old. 列名"来获取，而执行这些操作之后的列值可以使用"new. 列名"来获取，如表 13-1 所示。

表 13-1 获取列值的方式

方　式	说　明
old. 列名	获取对表进行操作"之前"的列值
new. 列名	获取对表进行操作"之后"的列值

但是，根据执行的操作的不同，有些列值可以获取，有些列值是不可以获取的。在表 13-2 中，"√"表示可以获取，"×"表示不可以获取。

表 13-2 是否可以获取

操　作	执 行 前	执 行 后
insert	×	√
delete	√	×
update	√	√

表 13-2 其实很好理解。对于 insert 操作来说，被插入的数据一开始是不存在于表中的，所以无法使用"old. 列名"来获取。但是数据被插入表中之后，数据就存在于表中了，所以可以使用"new. 列名"来获取。

对于 delete 操作来说，被删除的数据一开始是存在于表中的，所以可以使用"old. 列名"来获取。但是数据被删除了之后，数据就不存在于表中了，所以无法使用"new. 列名"来获取。

update 操作只会对已有数据进行更新，所以可以获取执行前后的数据。也就是说，可以使用"old. 列名"来获取更新前的数据，也可以使用"new. 列名"来获取更新后的数据。

实际上，触发器是一种特殊的存储过程，它和一般的存储过程的区别在于：**一般的存储过程是通过 call 关键字来调用执行的，而触发器是通过事件触发来执行的。**

13.4.1 创建触发器

在 MySQL 中，可以使用 create trigger 语句来创建一个触发器。

▶ **语法：**

```
create trigger 触发器名 before 操作名
on 表名 for each row
begin
    ……
end;
```

▶ **说明：**

语法中的 before 可以换成 after。如果使用 before，则表示在操作之前触发；如果使用 after，则表示在操作之后触发。语法中的"操作名"可以是 insert、update 和 delete。

接下来创建一个名为"staff_backup"的表，该表的结构和 staff 表的结构是一样的，如表 13-3 所示。

表 13-3　staff_backup 表的结构

列　　名	类　　型	长　　度	允许 null	是否主键	注　　释
sid	char	5	×	√	工号
name	varchar	10	√	×	姓名
sex	char	5	√	×	性别
age	int		√	×	年龄

对于 staff_backup 这个表，我们除了可以在 Navicat for MySQL 中手动地创建，也可以使用 create table...like... 语句来创建，也就是执行下面的 SQL 代码。

```
create table staff_backup
like staff;
```

接着确认一下 staff 表的数据，如图 13-48 所示。每次对 staff 表进行删除操作之前，都会把即将被删除的数据插入 staff_backup 表中。

sid	name	sex	age
A101	杰克	男	35
A102	汤姆	男	21
A103	露西	女	40
A104	莉莉	女	32
A105	玛丽	女	28

图 13-48

▶ **举例：**

```
create trigger tr1 before delete
on staff for each row
```

```
begin
    insert into staff_backup
    values (old.sid, old.name, old.sex, old.age);
end;
```

运行结果如图 13-49 所示。

```
> Affected rows: 0
> 时间: 0.014s
```

图 13-49

◤ 分析：

在这个例子中，我们创建了一个名为“tr1”的触发器。执行下面的 SQL 代码后，可以看到 sid='A105' 这条记录已经被删除了，如图 13-50 所示。

```
-- 删除记录
delete from staff where sid = 'A105';

-- 查看表
select * from staff;
```

sid	name	sex	age
A101	杰克	男	35
A102	汤姆	男	21
A103	露西	女	40
A104	莉莉	女	32

图 13-50

执行 select * from staff_backup; 语句，可以看到删除的记录被插入 staff_backup 表中了，如图 13-51 所示。

sid	name	sex	age
A105	玛丽	女	28

图 13-51

本例其实是在 staff 表中创建了一个触发器。那么如何使用 Navicat for MySQL 查看一个表有哪些触发器呢？选中 staff 表，单击鼠标右键并选择【设计表】，如图 13-52 所示，使 staff 表的结构显示出来。

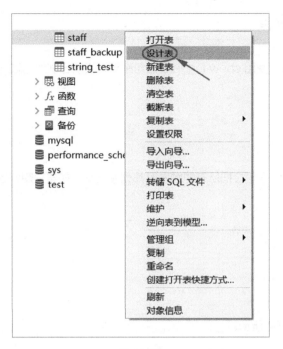

图 13-52

在上方单击【触发器】选项卡，就可以找到基于 staff 表创建的所有触发器了，如图 13-53 所示。

图 13-53

实际上，MySQL 中的触发器主要是用于保护表中的数据的。当有操作影响到触发器保护的数据时，触发器就会被触发，从而保证数据的完整性以及多个表之间的数据的一致性。了解这一点对我们理解触发器是非常重要的。

最后，对于触发器，小伙伴们还需要清楚以下两点。

▶ 触发器是基于一个表创建的，不过它可以用于操作多个表。

▶ 同一个表、同一个触发事件、同一个触发时机只能创建一个触发器。

13.4.2 查看触发器

在 MySQL 中，可以使用 show triggers 语句来查看当前已创建的触发器。

▼ 语法：

```
show triggers;
```

▼ 说明：

使用 show triggers 语句会把所有的触发器都列举出来。如果只想查看某一个表的触发器，则可以使用下面的语法。

```
show triggers from 数据库名
where `table` = '表名';
```

▼ 举例：

```
show triggers;
```

运行结果如图 13-54 所示。

Trigger	Event	Table	Statement	Timing	Created
tr1	DELETE	staff	begin inse	BEFORE	2022-04-18

图 13-54

13.4.3 删除触发器

在 MySQL 中，可以使用 drop trigger 语句来删除某个触发器。

▼ 语法：

```
drop trigger 触发器名;
```

▼ 举例：

```
drop trigger tr1;
```

运行结果如图 13-55 所示。

```
> OK
> 时间: 0.044s
```

图 13-55

▶ 分析：

当运行结果中有"OK"时，表示成功删除了 tr1 这个触发器。此时执行 show triggers; 语会，会发现 tr1 触发器已经不存在了。

最后需要清楚的是，MySQL 中并没有 alter trigger 这样的语句，因此不能像修改表、视图或存储过程那样去修改触发器。如果想要修改一个已经存在的触发器，则可以先删除该触发器，然后再创建一个同名的触发器。

13.5 事件

在实际开发中，有时我们想让 MySQL"在某个时间点"或者"每隔一段时间"自动去执行一些操作，应该怎样办呢？此时可以使用事件来实现。

在 MySQL 中，事件的操作包含以下 4 个方面。

▶ **创建事件。**
▶ **查看事件。**
▶ **修改事件。**
▶ **删除事件。**

13.5.1 创建事件

在 MySQL 中，可以使用 create event 语句来创建一个事件（event）。事件需要分为两种情况。

▶ **在某个时间点执行。**
▶ **每隔一段时间执行。**

1. 在某个时间点执行

在 MySQL 中，在某个时间点执行某些操作的语法如下。

```
create event 事件名
on schedule at 某个时间点
do
begin
    ......
end;
```

▶ 举例：

```
create event ev1
on schedule at '2023-05-20 13:14:30'
do
```

```
begin
    insert into employee(id, name, sex, age, title)
    values(6, '露西', '女', 22, '产品经理');
end;
```

运行结果如图 13-56 所示。

```
> Affected rows: 0
> 时间: 0.019s
```

图 13-56

▶ 分析：

上面例子创建了一个名为 "ev1" 的事件，该事件实现的功能是：在 "2023-05-20 13:14:30" 这个时间点往 employee 表中插入一条记录。创建好事件之后，到了指定的时间点，MySQL 就会帮我们自动执行。

如果想要在 Navicat for MySQL 中查看已创建的所有事件，则可以在上方单击【其它】按钮，然后在下拉菜单中选择【事件】，如图 13-57 所示。

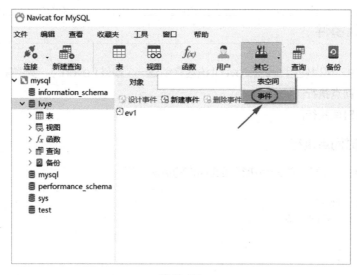

图 13-57

2. 每隔一段时间执行

在 MySQL 中，每隔一段时间执行某些操作的语法如下。

```
create event 事件名
on schedule every 事件间隔
do
begin
    ......
end;
```

▚ 举例：

```
create event ev2
on schedule every 10 minute
do
begin
    select * from employee;
end;
```

运行结果如图 13-58 所示。

```
> Affected rows: 0
> 时间: 0.03s
```

图 13-58

▚ 分析：

在这个例子中，我们创建了一个名为"ev2"的事件。该事件实现的功能是：每隔 10 分钟就查询一次 employee 表。

every 10 minute 表示每隔 10 分钟执行一次相同的操作。minute 是时间单位，常用的时间单位如表 13-4 所示。

表 13-4   时间单位

单　　位	说　　明
year	年
month	月
day	日
hour	时
minute	分
second	秒
week	周
quarter	季度

13.5.2 查看事件

在 MySQL 中，查看已创建的事件有以下两种方式。

▶ show events

▶ show create event

1. show events

在 MySQL 中，可以使用 show events 语句查看一个数据库中有哪些事件。

▼ **语法**：

```
show events;
```

▼ **举例**：

```
show events;
```

运行结果如图 13-59 所示。

Db	Name	Definer	Time zone	Type	Execute at
lvye	ev1	root@localho	SYSTEM	ONE TIME	2023-05-20
lvye	ev2	root@localho	SYSTEM	RECURRING	(Null)

图 13-59

2. show create event

在 MySQL 中，可以使用 show create event 语句来查看某个事件的创建代码信息。

▼ **语法**：

```
show create event 事件名;
```

▼ **举例**：

```
show create event ev1;
```

运行结果如图 13-60 所示。

Event	sql_mode	time_zone	Create Event	character_set_client	collation_connection
ev1	STRICT_TRANS	SYSTEM	CREATE DEFINE	utf8mb4	utf8mb4_0900_ai_ci

图 13-60

13.5.3 修改事件

在 MySQL 中，可以使用 alter event 语句来修改某个事件。

▶ 语法：

```
alter event 事件名
……;
```

▶ 说明：

alter event 语句和 create event 语句是相似的。需要注意的是，一个事件在最后一次被调用后是无法被修改的，因为此时它已经不存在了。

▶ 举例：修改时间

```
alter event ev1
on schedule at '2023-11-11 11:11:11';
```

运行结果如图 13-61 所示。

```
> OK
> 时间: 0.01s
```

图 13-61

▶ 分析：

这个例子表示将 ev1 这个事件中的时间由原来的"2023-05-20 13:14:30"修改为"2023-11-11 11:11:11"。注意，这里是不需要加上后面的 do 部分的，如果写成下面这样是会报错的。

```
-- 错误方式
alter event ev1
on schedule at '2023-11-11 11:11:11'
do
begin
    insert into employee(id, name, sex, age, title)
    values(6, '露西', '女', 22, '产品经理');
end;
```

▶ 举例：修改主体

```
alter event ev1
do
```

```
    insert into employee(id, name, sex, age, title)
    values(7, '杰克', '男', 25, 'Android工程师');
```

运行结果如图 13-62 所示。

```
> OK
> 时间: 0.011s
```

图 13-62

◤ 分析：

如果想要修改事件的主体代码，则不能加 begin 和 end 这两个关键字。对于这个例子来说，如果写成下面这样就是错的。

```
-- 错误方式
alter event ev1
do
begin
    insert into employee(id, name, sex, age, title)
    values(7, '杰克', '男', 25, 'Android工程师');
end;
```

对于修改事件，我们还可以进行其他 3 种操作：修改事件名、关闭事件和开启事件。

◤ 举例：修改事件名

```
alter event ev1
rename to ev_test;
```

运行结果如图 13-63 所示。

```
> OK
> 时间: 0.028s
```

图 13-63

◤ 分析：

这个例子表示将事件的名称由原来的“ev1”修改为“ev_test”。为了方便后面的学习，我们需要执行下面的 SQL 代码来将事件名称还原为“ev1”。

```
alter event ev_test
rename to ev1;
```

▌ 举例：关闭事件

```
alter event ev1 disable;
```

运行结果如图 13-64 所示。

> OK
> 时间：0.009s

图 13-64

▌ 分析：

在语句末尾加上一个"disable"，表示关闭 ev1 这个事件。这样即使时间到了，ev1 事件也不会再被执行了。

▌ 举例：开启事件

```
alter event ev1 enable;
```

运行结果如图 13-65 所示。

> OK
> 时间：0.026s

图 13-65

▌ 分析：

在语句末尾加上一个"enable"，表示开启 ev1 这个事件。

13.5.4 删除事件

在 MySQL 中，可以使用 drop event 语句来删除某个事件。

▌ 语法：

```
drop event 事件名；
```

▶ **举例**：

```
drop event ev1;
```

运行结果如图 13-66 所示。

> OK
> 时间：0.032s

图 13-66

▶ **分析**：

当运行结果中有 "OK" 时，说明成功删除了 ev1 这个事件。在 Navicat for MySQL 中查看，可以看到 ev1 事件已经不存在了，如图 13-67 所示。

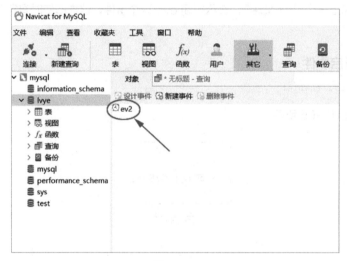

图 13-67

13.6　本章练习

一、单选题

1. 如果想要调用一个名为 "pr" 的存储过程，则应该使用（　　）。

    A．pr();   B．call pr();

    C．do pr();   D．show pr();

2. 如果想要删除一个名为"pr"的存储过程，则应该使用（　　）。

    A. drop proc pr;　　　　　　　　　　B. drop function pr;

    C. drop procedure pr;　　　　　　　　D. delete procedure pr;

3. 如果想要查看数据库中都有哪些触发器，则可以使用（　　）。

    A. show trigger;　　　　　　　　　　B. show triggers;

    C. select triggers;　　　　　　　　　D. display triggers;

4. 对表进行哪一种操作时，不会触发触发器？（　　）

    A. select　　　　　　　　　　　　　　B. insert

    C. update　　　　　　　　　　　　　　D. delete

5. 如果某数据库在非工作时间（每天 8:00 之前、18:00 之后、周六周日）不允许用户插入数据，则用下面哪一种方式实现最为合理？（　　）

    A. 存储过程　　　　　　　　　　　　　B. before 触发器

    C. 存储函数　　　　　　　　　　　　　D. after 触发器

6. 下面关于触发器的说法中，正确的是（　　）。

    A. 在一个表中只能创建一个触发器

    B. 在一个表中针对同一个操作只能创建一个 before 触发器

    C. 用户可以调用触发器

    D. 可以使用 alter trigger 语句来修改一个触发器

二、简答题

请简述一下存储过程和存储函数之间的区别。

三、编程题

1. 定义一个不带参数的存储过程 pr 来查询 fruit 表中不同 type 的水果的平均售价，并且调用该存储过程。

2. 定义一个带参数的存储过程 pr，其参数名为 ftype。也就是输入水果类型，然后查询该类型中售价最高水果的基本信息。调用该存储过程，输入参数的值为"浆果"。

第 14 章

游标

14.1 创建游标

在 MySQL 中，如果想要一行一行地处理数据，则可以使用游标（cursor）来实现。游标具有逐行处理、提取速度快等特点，在实际应用中使用游标可以很方便地对数据进行操作。

要使用游标，一般需要执行以下 4 个步骤。

① **创建游标。**

② **打开游标。**

③ **获取数据。**

④ **关闭游标。**

▼ **语法：**

```
-- ①创建游标
declare 游标名 cursor for 查询语句；

-- ②打开游标
open 游标名；

-- ③获取数据
fetch 游标名 into 变量1, 变量2, ..., 变量n;

-- ④关闭游标
close 游标名；
```

▼ **说明：**

和大多数的 DBMS（如 SQL Server、Oracle 等）不一样，MySQL 的游标只能在存储过程或存储函数中使用，而不能单独在其他地方使用。也就是说，我们应该把游标的使用代码封装到存储过程或存储函数中去。

这一节的例子都是基于 fruit 表来进行操作，先确认一下 fruit 表的数据，如图 14-1 所示。

id	name	type	season	price	date
1	葡萄	浆果	夏	27.3	2022-08-06
2	柿子	浆果	秋	6.4	2022-10-20
3	橘子	浆果	秋	11.9	2022-09-01
4	山竹	仁果	夏	40.0	2022-07-12
5	苹果	仁果	秋	12.6	2022-09-18
6	梨子	仁果	秋	13.9	2022-11-24
7	西瓜	瓜果	夏	4.5	2022-06-01
8	菠萝	瓜果	夏	11.9	2022-08-10
9	香瓜	瓜果	夏	8.8	2022-07-28
10	哈密瓜	瓜果	秋	7.5	2022-10-09

图 14-1

▶ 举例：基本使用

```
-- 定义存储过程
create procedure pr_cursor1()
begin
    declare fname varchar(10);
    declare fprice float;

    -- ①创建游标
    declare cur_fruit cursor for select name, price from fruit;

    -- ②打开游标
    open cur_fruit;

    -- ③取出当前记录，赋给变量
    fetch cur_fruit into fname, fprice;
    -- 查看数据
    select fname, fprice;

    -- ④关闭游标
    close cur_fruit;
end;

-- 调用存储过程
call pr_cursor1();
```

运行结果如图 14-2 所示。

fname	fprice
葡萄	27.3

图 14-2

▶ 分析：

在这个例子中，我们定义了一个名为"pr_cursor1"的存储过程。这里把游标的使用代码封装到 pr_cursor1 存储过程中去了。

```
-- ①创建游标
declare cur_fruit cursor for select name, price from fruit;
```

在使用游标之前，必须先声明（定义）它。这个过程实际上还没有开始查询数据，只是定义要使用的 select 语句。

```
-- ②打开游标
open cur_fruit;
```

声明游标之后，必须先使用 open 语句打开该游标，然后才能使用。这个过程实际上是将游标连接到 select 语句返回的查询结果集中。

```
-- ③取出当前记录，赋给变量
fetch cur_fruit into fname, fprice;
-- 查看数据
select fname, fprice;
```

打开游标之后，我们可以使用 fetch...into... 语句来从游标中取出数据，然后将其保存到变量中去。从这一点可以看出，游标保存的是 select 语句的查询结果集。

fetch...into... 语句和 select...into... 语句是相似的，其中，select...into... 语句用于从一个"表"中取出数据并存放到变量中，而 fetch...into... 语句则是从一个"游标"中取出数据并存放到变量中。

```
-- ④关闭游标
close cur_fruit;
```

因为游标保存的是 select 语句的查询结果集，所以它需要占用一定的存储空间。不再需要使用游标时，我们应该使用 close 语句关闭游标。关闭游标可以释放查询结果集所占用的存储空间，否则随着游标越来越多，查询结果集会占用大量的存储空间。

一个游标被关闭后，如果没有重新被打开，则不能被使用。对于声明过的游标，不需要再次声明，可以直接使用 open 语句打开并使用。

可能小伙伴们会觉得奇怪，这个例子的结果应该有 10 条记录才对，为什么这里只取出了一条记录呢？这是因为游标每次只会取出一条记录，如果查询结果集中有多条记录，那么它只会取出第 1 条记录。

如果想要把每一条记录都取出来，则需要把 fetch 语句放到循环语句中去。接下来修改一下代码，请看下面的例子。

▶ 举例：获取所有记录

```
-- 定义存储过程
create procedure pr_cursor2()
begin
    declare fname varchar(20);
    declare fprice float;
    declare i int default 0;
    declare total int;

    -- 创建游标
    declare cur_fruit cursor for select name, price from fruit;

    -- 初始化total
    select count(*) from fruit into total;

    -- 打开游标
    open cur_fruit;

    -- 循环取出
    while i < total do
        -- 取出当前记录
        fetch cur_fruit into fname, fprice;
        -- 查看当前记录
        select fname, fprice;
        -- i递增
        set i = i + 1;
    end while;

    -- 关闭游标
    close cur_fruit;
end;

-- 调用存储过程
call pr_cursor2();
```

运行结果如图 14-3 所示。

信息	结果 1	结果 1 (2)	结果 1 (3)	结果 1 (4)	结果 1 (5)	结果 1 (6)	结果 1 (7)	结果 1 (8)	结果 1 (9)	结果 1 (10)

fname	fprice
▶ 葡萄	27.3

图 14-3

▶ 分析：

在这个例子中，我们多定义了两个变量：i 和 total。其中，i 表示当前游标所在记录的行数，total 表示记录的个数（也就是有多少条记录）。然后使用一个 while 循环把全部记录遍历出来。

小伙伴们思考一个问题：如果查询结果集中有多条记录，而我们只想要第 n 条记录，那么应该怎么实现呢？像这种需求，使用游标就很容易实现了，请看下面的例子。

▶ 举例：获取第 n 条记录

```
-- 定义存储过程
create procedure pr_cursor3(n int)
begin
    declare fname varchar(20);
    declare fprice float;
    declare i int default 0;
    declare total int;

    -- 创建游标
    declare cur_fruit cursor for select name, price from fruit;

    -- 初始化total
    select count(*) from fruit into total;

    -- 打开游标
    open cur_fruit;

    -- 循环取出
    while i < total do
        -- 取出当前记录
        fetch cur_fruit into fname, fprice;
        if i = n - 1 then
            -- 拿到第n条记录
            select fname, fprice;
        end if;
        -- i递增
        set i = i + 1;
    end while;

    -- 关闭游标
    close cur_fruit;
end;

-- 调用存储过程
call pr_cursor3(5);
```

运行结果如图 14-4 所示。

fname	fprice
苹果	12.6

图 14-4

▶ **分析：**

在这个例子中，我们定义了一个名为"pr_cursor3"的存储过程，它有一个参数 n。该存储过程的功能是：使用游标的方式来获取查询结果集中的第 n 条记录。

最后来总结一下游标的使用要点，主要包含以下 3 点。

▸ 游标只能在存储过程或存储函数中使用，而不能单独在其他地方使用。

▸ 在一个存储过程或一个存储函数中可以定义多个游标，但是每一个游标的名称必须是唯一的。

▸ 游标并不是一条 select 语句，而是 select 语句的查询结果集。

常见问题

游标在实际开发中究竟有什么作用呢？

几乎所有的 DBMS（如 MySQL、SQL Server、Oracle 等）都有游标这个概念。SQL 是面向"集合"的，执行 SQL 语句基本都是在对一个"集合"进行操作。但是有些功能要求一条一条地处理记录，这使用常规的 SQL 语句是实现不了的，所以才有了游标。游标每次只处理一条记录。

游标提供了逐行处理的能力，你可以把游标当作一个指针，它可以定位到查询结果集中的任何位置，以便我们对指定位置的记录进行处理。

但需要注意的是，如果数据库的数据量过大，并且系统跑的不是一个业务，而是多个业务，那么就不适合使用游标来操作了。

14.2 本章练习

一、单选题

1. 在 MySQL 中，可以使用（　　）关键字来读取一个游标。

    A. select   B. fetch   C. get   D. read

2. 下面关于游标的说法中，不正确的是（　　）。

    A. 在使用游标之前，我们必须先打开游标

    B. 游标只能在存储过程或存储函数中使用

    C.　一个存储过程可以定义多个游标

    D.　游标本质上是一条 select 语句

3. 声明一个名为 "cur" 的游标，正确的语句是（　　　　）。

    A.　declare cur cursor for select name, price from fruit;

    B.　declare cur cursor as select name, price from fruit;

    C.　cursor cur for select name, price from fruit;

    D.　cursor cur as select name, price from fruit;

二、问答题

请简述一下游标的作用。

第 15 章

事务

15.1.1 事务简介

在介绍事务之前，我们先来看一个经典的场景：**银行账户转账**。假如 A 想要把自己账户上的
10 万元转到 B 的账户上，这时就需要先从 A 账户中扣除 10 万元，然后再给 B 账户加上 10 万元。

如果从 A 账户中扣除 10 万元时发生了错误，那么可能会出现以下两种情况。

  ▶ **A 账户的 10 万元没有扣除成功，B 账户加上了 10 万元。**
  ▶ **A 账户的 10 万元扣除成功，B 账户没有加上 10 万元。**

A 账户的 10 万元不翼而飞，B 账户又没有加上 10 万元。出现这样的情况是非常严重的，在
银行账户转账时是绝对不允许的。

因此，"A 账户扣除 10 万元"和"B 账户加上 10 万元"这两个操作应该作为一个不可分割的
整体，即如果"A 账户扣除 10 万元"的操作失败，那么"B 账户加上 10 万元"的操作应该取消。

实际上，将多个操作作为一个整体来处理的功能称为"事务"（transaction）。将开启事务之后
的处理结果反映到数据库的操作称为"提交"（commit），不反映到数据库中而恢复成原来的状态的
操作称为"回滚"（rollback）。

15.1.2 使用事务

从之前的学习中可以知道，使用 delete from fruit; 这样的 SQL 语句会把整个 fruit 表的数据都
删除，并且无法恢复。如果我们希望删除了数据之后还能恢复，那么可以使用事务来实现。

在 MySQL 中，可以使用 start transaction 语句来开启事务。执行下面的语句之后，如果运行结果中有"OK"，如图 15-1 所示，就说明成功开启了一个事务。

```
start transaction;
```

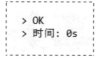

> OK
> 时间: 0s

图 15-1

小伙伴们一定要在确认开启了事务之后再去执行后面的操作。开启事务之后，执行下面的删除操作，查看表会发现 fruit 表的数据被删除了，如图 15-2 所示。

```
-- 删除数据
delete from fruit;
-- 查看表
select * from fruit;
```

id	name	type	season	price	date
(N/A)	(N/A)	(N/A)	(N/A)	(N/A)	(N/A)

图 15-2

由于前面使用 start transaction 语句开启了事务，所以现在我们有两个选择：一是 commit（提交），二是 rollback（回滚）。如果想要恢复数据，那么可以使用 rollback 语句，也就是执行下面的 SQL 代码，运行结果如图 15-3 所示。

```
-- 回滚
rollback;
-- 查看表
select * from fruit;
```

id	name	type	season	price	date
1	葡萄	浆果	夏	27.3	2022-08-06
2	柿子	浆果	秋	6.4	2022-10-20
3	橘子	浆果	秋	11.9	2022-09-01
4	山竹	仁果	夏	40.0	2022-07-12
5	苹果	仁果	秋	12.6	2022-09-18
6	梨子	仁果	秋	13.9	2022-11-24
7	西瓜	瓜果	夏	4.5	2022-06-01
8	菠萝	瓜果	夏	11.9	2022-08-10
9	香瓜	瓜果	夏	8.8	2022-07-28
10	哈密瓜	瓜果	秋	7.5	2022-10-09

图 15-3

如果上面执行的是 commit; 而不是 rollback;，那么删除操作的结果就会反映到数据库中，数据库中的所有数据都会被删除。

15.1.3　自动提交

默认情况下，也就是不手动开启事务时，MySQL 的处理都是直接被提交的。也就是说，所有的操作都会自动执行 commit; 语句。这种功能被称为"自动提交"（auto commit）。

自动提交功能在默认情况下处于开启状态。如果我们使用 start transaction 语句开启了事务，那么此后的操作就不会自动提交，而必须手动执行 commit; 语句来提交。

当然，小伙伴们也可以将自动提交功能关闭，也就是执行下面的语句。

```
set autocommit=0;
```

如果关闭了自动提交功能，那么即使执行了 SQL 语句也不会提交，而必须通过 commit 进行提交，或者通过 rollback 进行还原。

关闭了自动提交功能之后，如果想要重新开启该功能，那么可以执行下面的语句来实现。

```
set autocommit=1;
```

15.1.4　使用范围

MySQL 启动了事务之后，大多数操作可以通过 rollback 来进行还原。不过下面这些操作是无法还原的，小伙伴们一定要记住。

- ▶ drop database
- ▶ drop table
- ▶ drop view
- ▶ alter table

15.2　事务的属性

在 MySQL 中，事务有很严格的定义，必须同时满足 4 个属性：原子性（Atomicity）、一致性（Consistency）、隔离性（Isolation）和持久性（Durability）。这 4 个属性通常又被简称为"ACID"特性。

- ▶ **原子性**：事务作为一个整体来执行，所有操作要么都执行，要么都不执行。
- ▶ **一致性**：事务应确保数据库从一个一致状态转变为另一个一致状态。
- ▶ **隔离性**：当多个事务并发执行时，一个事务的执行不应影响其他事务的执行。

▶ **持久性**：事务一旦提交，它对数据库的修改应该永久保存在数据库中。

为了方便小伙伴们理解，我们还是以转账的例子来说明这 4 个属性究竟是什么意思。比如 A 和 B 这两个账户的余额都是 1000 元，如果 A 账户要给 B 账户转账 100 元，则需要完成以下 6 个步骤。

① 读取 A 账户余额 1000 元。

② A 账户的余额减去 100 元。

③ A 账户的余额写入为 900 元。

④ 读取 B 账户的余额 1000 元。

⑤ B 账户的余额加上 100 元。

⑥ B 账户的余额写入为 1100 元。

从这 6 个步骤怎么去理解事务的 4 个属性呢？具体分析如下。

▶ **原子性**

保证步骤①～⑥要么都执行，要么都不执行。一旦在执行某一步时出现问题，就需要立马回滚。比如执行步骤⑤时，B 账户突然不可用（比如被注销），那么之前所有的操作都要回滚（也就是被取消）。

▶ **一致性**

在转账之前，A 账户和 B 账户共有 1000 元 + 1000 元 = 2000 元。在转账之后，A 账户和 B 账户共有 900 元 +1100 元 =2000 元。也就是说，在执行该事务之后，数据从一个状态转变为了另一个状态。

▶ **隔离性**

在 A 账户给 B 账户转账时，只要事务还没有提交，A 账户和 B 账户的余额就不会变化。假如 A 账户给 B 账户转账的同时又执行了另一个事务：C 账户给 B 账户转账。这两个事务都是独立的，并且当两个事务结束之后，B 账户的余额多了 A 账户转给 B 账户的钱，再加上 C 账户转给 B 账户的钱。

▶ **持久性**

一旦事务提交（转账成功），这两个账户的余额就会发生永久性变化，不能再次回滚了。

15.3　本章练习

一、单选题

1. 在 MySQL 中，可以使用（　　）关键字来回滚一个事务。

    A. commit　　　　B. rollback　　　　C. submit　　　　D. back

2. 下列不属于事务的属性的是（　　）。

    A. 原子性　　　　B. 一致性　　　　C. 隔离性　　　　D. 暂时性

二、简答题

请简述一下事务的属性都有哪些。

第 16 章
安全管理

16.1 安全管理简介

数据库往往是一个系统中最重要的部分，对数据进行保护也是数据库管理的重要组成部分。MySQL 为我们提供了一整套安全机制（如图 16-1 所示），主要有以下两个方面。

- ▶ **用户管理。**
- ▶ **权限管理。**

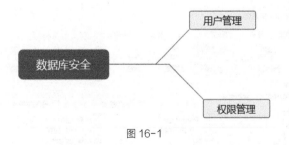

图 16-1

16.2 用户管理

MySQL 的用户主要分为两种：一种是"root 用户"，另一种是"普通用户"。其中，root 用户拥有所有权限，包括创建用户、删除用户、修改用户等；而普通用户只拥有被 root 用户赋予的权限。

在安装 MySQL 时，默认情况下会自动创建一个名为"mysql"的数据库，如图 16-2 所示。mysql 数据库中存储的都是一些权限表，其中最重要的是一个名为"user"的表，如图 16-3 所示。MySQL 的所有用户信息都保存在这个 user 表中。

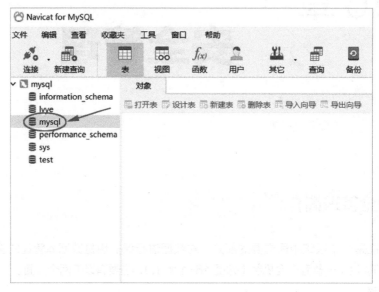

图 16-2

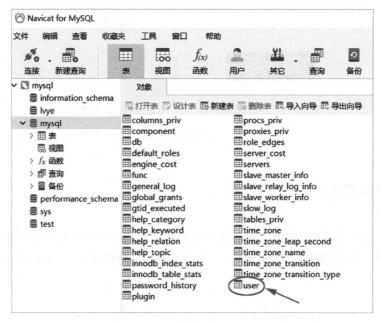

图 16-3

在 Navicat for MySQL 中切换到 mysql 数据库，如图 16-4 所示。然后执行 select * from user; 语句来查看 user 表的数据，运行结果（部分）如图 16-5 所示。

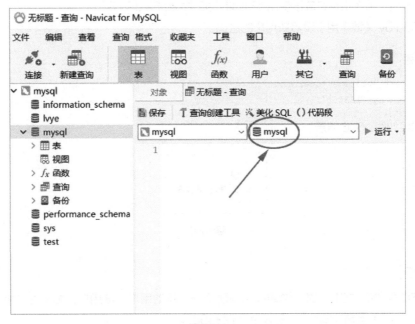

图 16-4

Host	User	Select_priv	Insert_priv	Update_priv	Delete_priv
localhost	mysql.infoschema	Y	N	N	N
localhost	mysql.session	N	N	N	N
localhost	mysql.sys	N	N	N	N
localhost	root	Y	Y	Y	Y

图 16-5

16.2.1 创建用户

在 MySQL 中，可以使用 create user 语句来创建一个新的用户。

▶ 语法：

```
create user '用户名'@'主机名'
identified by '密码';
```

▶ **说明：**

如果是在本地计算机（当前计算机）中创建，那么主机名应该使用"localhost"。如果是在远程服务器中创建，那么主机名应该使用 IP 地址（如"120.82.87.48"）。

identified by 关键字用于设置新用户的密码。

▶ **举例：**

```
create user 'test1'@'localhost'
identified by '123456';
```

运行结果如图 16-6 所示。

> OK
> 时间：0.055s

图 16-6

▶ **分析：**

当运行结果中有"OK"时，说明成功创建了一个新的用户。该用户的名称为"test1"，主机名是"localhost"（当前计算机），密码为"123456"。

执行 select User from user; 语句，运行结果如图 16-7 所示。其中 User 是列名，User 列是 user 表自带的一个列，保存的是用户名。

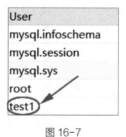

图 16-7

接下来尝试使用新创建的用户来登录。由于 Navicat for MySQL 当前登录的是 root 用户，因此我们需要用其他方式登录，此时可以使用 cmd 窗口登录，只需要执行两步。

① **打开 cmd 窗口**：对于 Windows 系统来说，在左下角搜索框中输入"cmd"后按"Enter"键就可以打开 cmd 窗口（命令提示符窗口），如图 16-8 所示。

图 16-8

② **登录用户**：在 cmd 窗口中输入"mysql -u test1 -p"（注意空格），按"Enter"键之后，输入设置的密码"123456"，再次按"Enter"键后，如果出现了"Welcome to the MySQL monitor"，就说明成功登录了 test1 这个用户，如图 16-9 所示。

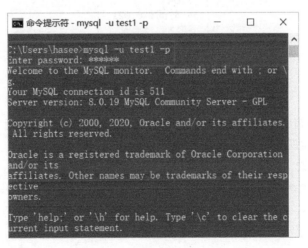

图 16-9

如果能在 cmd 窗口中成功登录 test1 用户，则说明了刚刚创建的 test1 用户是没有任何问题的。

16.2.2　修改用户

修改用户一般指的是修改用户的密码。在 MySQL 中，修改用户的密码有两种方式：①使用

alter user 语句，②使用 set password 语句。

▶ 语法：

```
-- 方式1
alter user '用户名'@'主机名'
identified by '新密码';

-- 方式2
set password for '用户名'@'主机名' = '新密码';
```

▶ 说明：

alter user 语句和 create user 语句是十分相似的，小伙伴们可以对比理解。

▶ 举例：

```
alter user 'test1'@'localhost'
identified by '666666';
```

运行结果如图 16-10 所示。

```
> OK
> 时间: 0.02s
```

图 16-10

▶ 分析：

如果运行结果中有"OK"，就说明修改 test1 用户的密码成功了。关闭 cmd 窗口，然后重新登录 test1 用户，会发现旧密码无法使用，只能使用新密码。

对于这个例子来说，下面两种方式是等价的。

```
-- 方式1
alter user 'test1'@'localhost'
identified by '666666';

-- 方式2
set password for 'test1'@'localhost' = '666666';
```

16.2.3　删除用户

在 MySQL 中，可以使用 drop user 语句来删除某个用户。

▼ **语法：**

```
drop user '用户名'@'主机名';
```

▼ **举例：**

```
drop user 'test1'@'localhost';
```

运行结果如图 16-11 所示。

```
> OK
> 时间: 0.027s
```

图 16-11

▼ **分析：**

如果运行结果中有"OK"，就说明成功删除了用户。执行 select User from user; 语句，可以看到 test1 用户已经被删除了，如图 16-12 所示。

User
mysql.infoschema
mysql.session
mysql.sys
root

图 16-12

为了方面后面的学习，我们需要重新执行下面的 SQL 语句来创建一个名为"test1"的用户。

```
create user 'test1'@'localhost'
identified by '123456';
```

16.3 权限管理

新创建的用户只有极少数的权限，一般只能登录 MySQL，但不具备访问数据的权限。这里我们可以尝试一下，先在 cmd 窗口中登录 test1 用户，登录成功之后输入"use lvye;"（表示选择 lvye 数据库），此时会发现报错了，如图 16-13 所示。

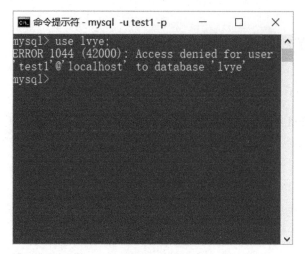

图 16-13

如果想要使得创建的用户可以访问数据，那么需要赋予用户指定的权限。在 MySQL 中，权限的类型很多，常见的如表 16-1 所示。

表 16-1 MySQL 权限类型

数据操作	
select	查询数据
insert	插入数据
update	更新数据
delete	删除数据
视图和索引	
create view	创建视图
show view	查看视图
index	创建和删除索引
存储程序	
create routine	创建存储过程或存储函数
alter routine	修改存储过程或存储函数
execute	执行存储过程或存储函数
trigger	触发器
event	事件

（续）

用户相关	
create user	创建用户
super	超级权限
grant option	授予权限或撤销权限
数据库或表操作	
create	创建数据库或表
alter	修改数据库或表
drop	删除数据库或表
show databases	查看数据库
create temporary tables	创建临时表
lock tables	锁定表
references	建立外键关系
其他操作	
process	查看进程信息
shutdown	关闭 MySQL
file	读写文件
reload	重新加载权限表

16.3.1 授予权限

在 MySQL 中，可以使用 grant 语句来给某个用户授予各种权限。

▶ 语法：

```
grant 权限名1，权限名2，...，权限名n
on '数据库名.表名'
to '用户名'@'主机名'
with 参数；
```

▶ 说明：

如果希望给用户授予多个权限，那么权限名之间要用英文逗号（,）分隔。with 关键字后面接一个或多个参数，共有 5 种参数可选，如表 16-2 所示。

表 16-2　with 关键字后面接的参数

参　　数	说　　明
grant option	被授权的用户可以将这些权限授予别的用户
max_connections_per_hour	每小时的最大连接次数
max_queries_per_hour	每小时的最大查询次数
max_updates_per_hour	每小时的最大更新次数
max_user_connections	最大用户连接数

▶ **举例:**

```
grant select, insert, update, delete
on *.*
to 'test1'@'localhost'
with grant option;
```

运行结果如图 16-14 所示。

```
> Affected rows: 0
> 时间: 0.033s
```

图 16-14

▶ **分析:**

当运行结果中有 "Affected rows: 0" 时, 表示授权成功了。这个例子实现的功能是: 授予 test1 用户对所有数据库中的所有表的数据进行查询、插入、更新、删除的权限。"*.*" 表示所有数据库中的所有表, 点号左边的 "*" 表示所有数据库, 点号右边的 "*" 表示所有表。

执行 select * from user; 语句, 可以看到授权成功了, 也就是 test1 用户的 Select_priv 列、Insert_priv 列、Update_priv 列和 Delete_priv 列的值都变成了 "Y", 如图 16-15 所示。

Host	User	Select_priv	Insert_priv	Update_priv	Delete_priv
localhost	mysql.infoschema	Y	N	N	N
localhost	mysql.session	N	N	N	N
localhost	mysql.sys	N	N	N	N
localhost	root	Y	Y	Y	Y
localhost	test1	Y	Y	Y	Y

图 16-15

我们可以到 cmd 窗口中验证。先关闭 cmd 窗口并且使用 test1 登录, 请注意一定要关闭 cmd 窗口并重新登录, 不然在原来的 cmd 窗口操作会有问题。然后输入 "use lvye;" 切换到 lvye 数据库，如果显示"Database changed"则表示切换成功了，如图 16-16 所示。

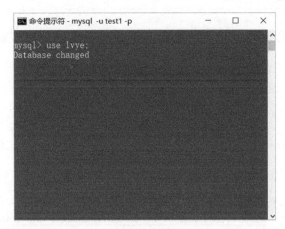

图 16-16

输入"select * from fruit;"并按"Enter"键，可以看到能够正常显示查询结果，如图 16-17 所示。此时也说明对 test1 这个用户授权成功了。

图 16-17

前面的例子是授予用户对所有数据库中的所有表的数据进行操作的权限，如果只希望授予用户对某一个数据库中的某一个表的数据进行操作的权限，比如授予用户对 lvye 数据库中的 fruit 表的数据进行查询、插入、更新、删除的权限，那么只需要将"*.*"改为"lvye.fruit"就可以了，代码如下。

```
grant select, insert, update, delete
on lvye.fruit
to 'test1'@'localhost'
with grant option;
```

16.3.2 查看权限

在 MySQL 中，可以使用 show grants 语句来查看某个用户拥有的权限。

▶ **语法：**

```
show grants for '用户名'@'主机名';
```

▶ **举例：**

```
show grants for 'test1'@'localhost';
```

运行结果如图 16-18 所示。

Grants for test1@localhost
GRANT SELECT, INSERT, UPDATE, DELETE ON *.* TO `test1`@`localhost` WITH GRANT OPTION

图 16-18

16.3.3 撤销权限

在 MySQL 中，可以使用 revoke 语句来撤销一个用户的某些权限。

▶ **语法：**

```
revoke 权限名1, 权限名2, ..., 权限名n
on 数据库名.表名
from '用户名'@'主机名';
```

▶ **举例：**

```
revoke insert, update, delete
on *.*
from 'test1'@'localhost';
```

运行结果如图 16-19 所示。

```
> Affected rows: 0
> 时间: 0.029s
```

图 16-19

▶ **分析：**

如果运行结果中有"Affected rows: 0"，就表示撤销权限成功了。这个例子的功能是：撤销

test1 用户对所有数据库中的表的数据进行插入、更新、删除的权限。

执行 select * from user; 语句，可以看到撤销权限成功了，也就是 test1 用户的 Insert_priv 列、Update_priv 列和 Delete_priv 列的值都变成了"N"，如图 16-20 所示。

Host	User	Select_priv	Insert_priv	Update_priv	Delete_priv
localhost	mysql.infoschema	Y	N	N	N
localhost	mysql.session	N	N	N	N
localhost	mysql.sys	N	N	N	N
localhost	root	Y	Y	Y	Y
localhost	test1	Y	N	N	N

图 16-20

从"2.1 SQL 是什么"这一节可以知道，这里介绍的 grant 和 revoke 这两个语句本质上属于数据控制语句，主要用于对数据库和表的权限进行管理。

16.4　本章练习

单选题

1. 在 MySQL 中，预设的拥有最高权限的用户名是（　　）。
   A. administrator　　　B. manager　　　　C. user　　　　　　D. root

2. （选两项）下面可以将 root 用户的密码修改为"666"的语句是（　　）。
   A. alter user 'root'@'localhost' identified by '666';
   B. alter user 'root'@'localhost'='666';
   C. set password for 'root'@'localhost' identified by '666';
   D. set password for 'root'@'localhost'='666';

3. 如果想要删除本地的 test1 用户，则可以使用（　　）语句来实现。
   A. drop user 'test1'@'localhost';
   B. drop user 'test1'.'localhost';
   C. drop user 'localhost'@'test1';
   D. drop user 'localhost'.'test1';

4. 下面关于安全管理的说法中，正确的是（　　）。
   A. 使用 create user 语句创建一个新用户后，该用户可以访问所有数据库。
   B. 使用 grant 语句授予用户权限之后，该用户可以把自身的权限再授予其他用户。
   C. 使用 show grants 语句查询权限时，需要指定查询的用户名和主机名
   D. 我们只能授予普通用户对表的数据进行查询、插入、更新、删除这 4 种权限

第17章

数据备份

17.1 数据备份简介

在使用数据库的过程中，可能发生一些不可预测的情况，如误操作、病毒入侵等，这些情况会造成数据被破坏或丢失等。为了保证数据的安全性，我们需要经常对数据进行备份。如图 17-1 所示。

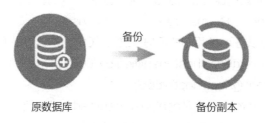

原数据库　　　　　备份副本

图 17-1

在 MySQL 中，数据备份分为以下两种。

- ▶ **数据库的备份**。
- ▶ **表的备份**。

我们可以使用 SQL 语句来进行备份，也可以使用软件来进行备份。不过使用 SQL 语句来进行备份这种方式比较麻烦，对于初学者，更推荐使用软件来进行备份，也就是使用 Navicat for MySQL 来进行备份。

17.2　数据库的备份与还原

17.2.1　数据库的备份

数据库的备份指的是对一个数据库进行备份，这种方式会把该数据库中的所有表都备份。如果使用 Navicat for MySQL 来备份一个数据库，那么只需要执行以下两步。

① **新建备份**：先打开 lvye 数据库，然后单击右上方的【备份】按钮，最后单击【新建备份】按钮，如图 17-2 所示。

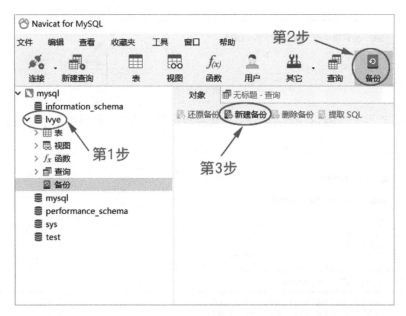

图 17-2

② **备份数据**：在弹出的对话框中单击【备份】按钮，如图 17-3 所示，Navicat for MySQL 就会自动开始备份。

图 17-3

如果出现了"Finished successfully",就说明备份成功了,然后单击【关闭】按钮,如图 17-4 所示。

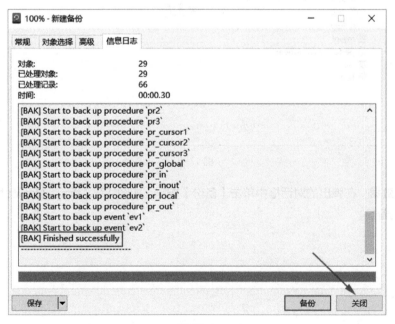

图 17-4

一般情况下，会将数据库备份到默认位置。那么我们怎样才能知道数据备份到了哪里了呢？其实很简单，选中左侧列表的【备份】，单击鼠标右键并选择【在文件夹中显示】，如图 17-5 所示，就可以找到备份文件的位置了。

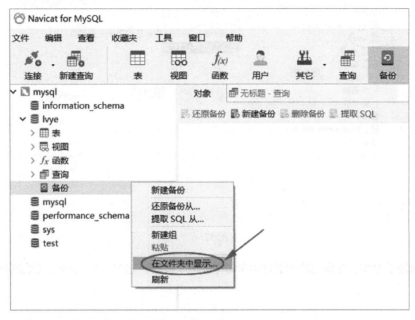

图 17-5

如果我们不希望备份到默认位置，而希望备份到其他位置，又应该怎么办呢？这个也很简单，只需要找到备份文件所在的位置，然后将备份文件复制到你想要的位置就可以了。

17.2.2　数据库的还原

对于数据库的还原，如果使用 Navicat for MySQL 来实现，只需要执行以下两步就可以了。

① 还原备份：打开 lvye 数据库，单击【备份】按钮，接着选中想要备份的文件（一定要选中），再单击【还原备份】按钮，如图 17-6 所示。

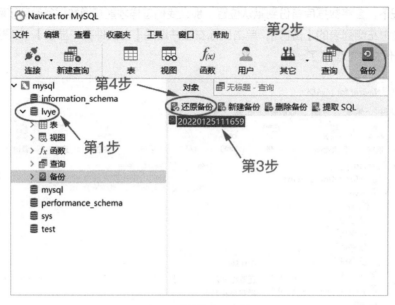

图 17-6

② **开始还原数据**：在弹出的对话框中单击【还原】按钮，如图 17-7 所示，就会自动还原数据库了。

图 17-7

如果出现了"Finished successfully",就说明还原成功了,然后单击【关闭】按钮就可以了,如图 17-8 所示。

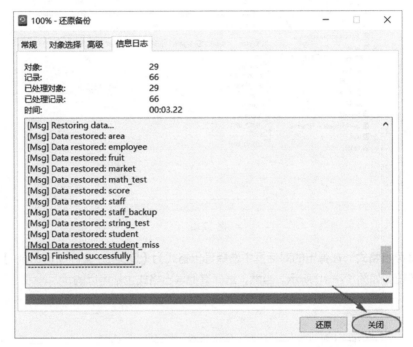

图 17-8

17.3 表的备份与还原

17.3.1 表的备份

数据库的备份会将该数据库中的所有表都备份。但很多时候我们只是希望对某一个表进行备份,此时又应该怎么办呢?在 Navicat for MySQL 中,如果想要备份一个表,那么只需要执行以下几步即可。

① **导出向导**:单击上方的【表】按钮,然后单击【导出向导】按钮,如图 17-9 所示。

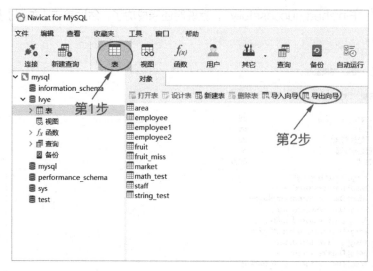

图 17-9

② **选择导出格式**：在弹出的对话框中选择导出格式为【DBase 文件 J（*.dbf）】，然后单击【下一步】按钮，如图 17-10 所示。当然，选择其他导出格式也是可以的。

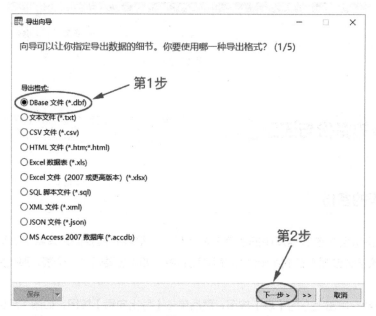

图 17-10

③ **选择要备份的表**：先选择要备份的表，可以选择一个或多个，然后在对应的表的右边选择存放的位置，最后单击【下一步】按钮即可，如图 17-11 所示。

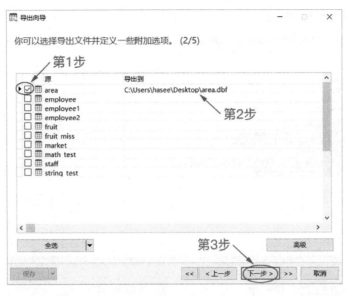

图 17-11

④ **开始备份**：一直单击【下一步】按钮，直到最后一步，单击【开始】按钮，如图 17-12 所示，将选中的表备份到指定位置。

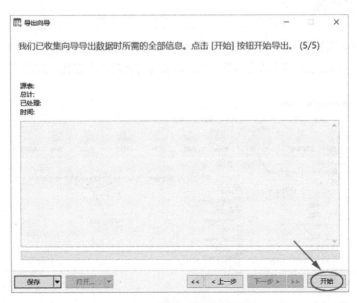

图 17-12

如果出现了"Finished successfully"，就说明备份成功了，然后单击【关闭】按钮就可以了，如图 17-13 所示。

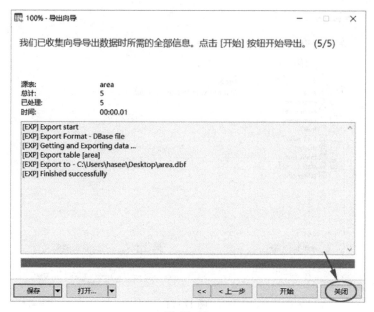

图 17-13

17.3.2　表的还原

接下来把 area 表删除，然后尝试使用 Navicat for MySQL 进行还原，即执行以下几步。

① 导入向导：单击上方的【表】按钮，然后单击【导入向导】按钮，如图 17-14 所示。

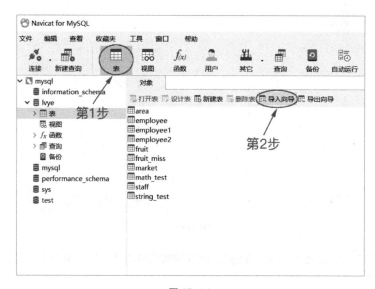

图 17-14

② **选择导入格式**：在弹出的对话框中选择导入格式为【DBase 文件（*.dbf）】，然后单击【下一步】按钮，如图 17-15 所示。

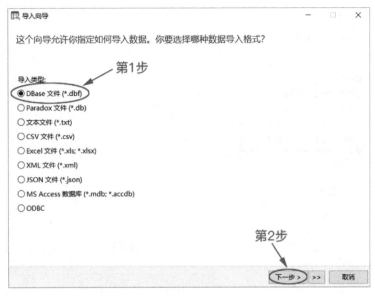

图 17-15

③ **选择文件**：单击【导入从：】文本框右边的按钮，选择要导入的文件，然后点击【下一步】按钮，如图 17-16 所示。注意，选择的文件的格式要和上一步选择的导入格式相同。

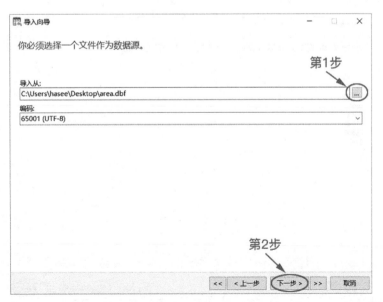

图 17-16

④ **选择导入模式**：一直单击【下一步】按钮，直到进入图 17-17 所示的界面，选择【复制：删除目标全部记录，并从源重新导入】模式，然后单击【下一步】。

图 17-17

⑤ **开始还原**：单击【开始】按钮，如图 17-18 所示，就会自动把文件还原到 MySQL 数据库中去。

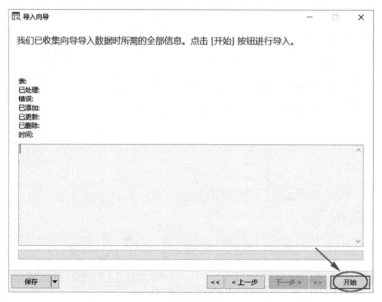

图 17-18

如果出现了"Finished successfully",就说明还原成功了,然后单击【关闭】按钮就可以了,如图 17-19 所示。

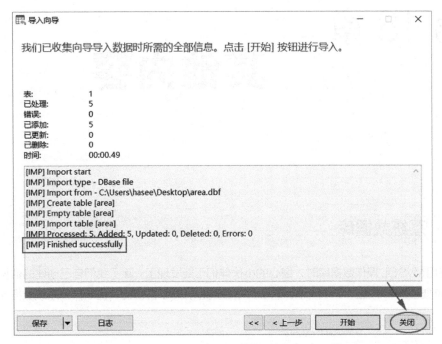

图 17-19

17.4 本章练习

单选题

下面关于数据库备份的说法中,不正确的是(　　)。

A. 数据库的备份会将该数据库的所有表都备份

B. 为了保证数据的安全性,我们需要经常对数据进行备份

C. 数据库的备份和还原只能通过软件的方式来进行

D. 对于数据库的还原,会覆盖该数据库中同名的表

第 18 章

其他内容

18.1 系统数据库

在使用MySQL操作数据库时，细心的小伙伴们可能发现了：除了我们自己创建的数据库之外，还存在其他数据库，如图 18-1 所示。这些数据库是 MySQL 自带的，也叫作"系统数据库"。

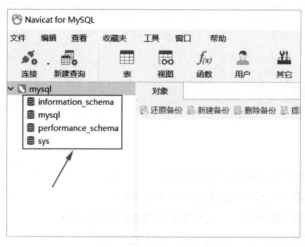

图 18-1

MySQL 自带的系统数据库共有 4 个，分别如下。

1. information_schema

Information_schema 是 MySQL 自带的信息数据库，用于存储数据库的"元数据"。元数据指的是所有的数据库名、表名、列的类型、访问权限等。

information_schema 数据库中存储的是视图，而不是基本表，因此文件系统中没有与之相关的文件。

2. performance_schema

performance_schema 和 information_schema 一样，都是 MySQL 自带的信息数据库。performance_schema 数据库主要用于性能分析，收集数据库服务器性能的参数，并且提供以下功能。

- ▶ **提供进程等待的详细信息，包括锁、互斥变量、文件信息。**
- ▶ **保留历史的事件信息，为 MySQL 的服务器性能做出详细的判断。**
- ▶ **可以新增和删除监控事件点，并可以随意改变 MySQL 服务器的监控周期。**

3. mysql

mysql 是 MySQL 中最重要的系统数据库，它是整个数据库服务器的核心。我们不能直接修改 mysql 数据库，因为如果损坏了 mysql 数据库，那么整个 MySQL 服务器将不能工作。

mysql 数据库里包含了所有用户的登录信息、所有系统的配置选项等。如果你是一个数据库管理员，那么应该定期备份一次 mysql 数据库。

4. sys

sys 是 MySQL 5.7 新增的系统数据库，这个数据库通过视图的形式把 information_schema 和 performance_schema 结合起来，以便查询出更容易理解的数据。

sys 数据库里包含了一系列的存储过程、自定义函数以及视图，以便帮助我们快速地了解系统的元数据。

对于以上 4 个系统数据库，我们简单了解其作用就可以了。在实际开发中，尽量不要去"动"它们。

18.2　分页查询

在实际开发中，分页查询是经常使用的一种方式。比如有 100 行数据，第 1 页是第 1~10 行数据，第 2 页是第 11~20 行数据，……，第 10 页是第 91~100 行数据。

▶ **举例**：limit m, n

```
-- 创建
create procedure pager1(a int, b int)
begin
    declare start int;
    declare n int;
```

```
        set start = (a - 1) * b;
        set n = b;

        select *
        from fruit
        order by id asc
        limit start, n;
    end;

    -- 调用
    call pager1(1, 5);
```

运行结果如图 18-2 所示。

id	name	type	season	price	date
1	葡萄	浆果	夏	27.3	2022-08-06
2	柿子	浆果	秋	6.4	2022-10-20
3	橘子	浆果	秋	11.9	2022-09-01
4	山竹	仁果	夏	40.0	2022-07-12
5	苹果	仁果	秋	12.6	2022-09-18

图 18-2

▶ 分析:

对于 pager1 这个存储过程来说，参数 a 表示第 a 页，参数 b 表示每一页数据的行数。limit start, n 中的 start 代表开始位置，n 代表获取 n 行数据。小伙伴们如果忘记了具体语法，可以回去翻一下"3.5 限制行数: limit"这一节。

call pager1(1, 5); 表示获取第 1 页的数据，该页包含 5 行数据。如果想要获取第 2 页的数据，那么可以执行 call pager1(2, 5); 语句，此时运行结果如图 18-3 所示。

id	name	type	season	price	date
6	梨子	仁果	秋	13.9	2022-11-24
7	西瓜	瓜果	夏	4.5	2022-06-01
8	菠萝	瓜果	夏	11.9	2022-08-10
9	香瓜	瓜果	夏	8.8	2022-07-28
10	哈密瓜	瓜果	秋	7.5	2022-10-09

图 18-3

执行 call pager1(1, 10); 语句，也就是获取第 1 页的数据，该页包含 10 行数据，此时运行结果如图 18-4 所示。

id	name	type	season	price	date
1	葡萄	浆果	夏	27.3	2022-08-06
2	柿子	浆果	秋	6.4	2022-10-20
3	橘子	浆果	秋	11.9	2022-09-01
4	山竹	仁果	夏	40.0	2022-07-12
5	苹果	仁果	秋	12.6	2022-09-18
6	梨子	仁果	秋	13.9	2022-11-24
7	西瓜	瓜果	夏	4.5	2022-06-01
8	菠萝	瓜果	夏	11.9	2022-08-10
9	香瓜	瓜果	夏	8.8	2022-07-28
10	哈密瓜	瓜果	秋	7.5	2022-10-09

图 18-4

使用 limit 子句是实现分页查询最简单的一种方式。在数据量较少的情况下，使用本例的代码就可以了。但是随着数据量的增加，页数也会越来越多。如果想要查看后几页的数据，可能就会写出下面这样的代码。

```
select *
from fruit
order by id asc
limit 10000, 5;
```

也就是说，要获取的数据所在的分页越靠后，limit 子句的偏移量（这里是 10000）就会越大。对于 limit start, n 来说，start 的值越大，查询性能就越低，因为 MySQL 需要扫描 start+n 行数据。

对于初学的小伙伴来说，上面这种方式已经完全足够了。小伙伴们如果想要深入了解分页查询，可以自行上网搜索，或者也可以关注本书的进阶篇。

18.3 表的设计

本节给小伙伴们介绍一些常用的小技巧，以设计出更好的表，主要包括以下 5 个方面。

▶ 对于一个表的主键，我们一般是使用自动递增的值，而不是手动插入值。

▶ 如果一个字段只有两种取值，比如"男"或"女"、"是"或"否"，比较好的做法是使用 tinyint(1) 类型，而不是使用 varchar 等类型。当然，使用 varchar 等类型也是没有问题的。

▶ 如果想要保存图片，我们一般不会将图片保存到数据库中，这样会占用大量的空间。一般是将图片上传到服务器，数据库中保存的则是图片的地址（URL）。

▶ 对于一篇文章，数据库一般保存的是包含该文章的 HTML 代码，也叫作"富文本"。一般我们会使用富文本编辑器编辑内容，然后获取对应的 HTML 代码，再将该 HTML 代码保存到数据库中。

▶ 设计表时，应该给所有的表和字段添加对应的注释。这个好习惯一定要养成，这样可以使后期的维护工作更加轻松、简单。

18.4　本章练习

单选题

1. 下面不属于 MySQL 系统数据库的是（　　　）。

   A. mysql   B. information_schema

   C. master   D. performance_schema

2. 用户的权限表一般包含在哪一个数据库中？（　　　）

   A. sys   B. mysql

   C. user   D. test

第 3 部分
实战案例

第 19 章

经典案例

19.1　案例准备

本章将带着小伙伴们做一个经典案例。该经典案例包含了 21 个非常经典的问题,以帮助大家更好地巩固学到的内容。大家应该把每一个问题都搞清楚,并且要做到在不看答案的情况下能写出解决方法。

在 Navicat for MySQL 中创建 4 个表: student 表(学生表)、teacher 表(教师表)、course 表(课程表)和 score 表(成绩表)。这 4 个表的结构如表 19-1~ 表 19-4 所示。

表 19-1　student 表的结构

列名	类型	允许 null	是否主键	注释
sid	varchar(5)	×	√	学生学号
sname	varchar(10)	√	×	学生姓名
sgender	char(5)	√	×	学生性别
sbirthday	date	√	×	出生日期

表 19-2　teacher 表的结构

列名	类型	允许 null	是否主键	注释
tid	varchar(5)	×	√	教师编号
tname	varchar(10)	√	×	教师姓名

表 19-3　course 表的结构

列名	类型	允许 null	是否主键	注释
cid	varchar(5)	×	√	课程编号
cname	varchar(20)	√	×	课程名称
tid	varchar(5)	√	×	教师编号

表 19-4　score 表的结构

列　名	类　型	允许 null	是否主键	注　释
sid	varchar(5)	√	×	学生学号
cid	varchar(5)	√	×	课程编号
grade	int	√	×	课程成绩

　　这 4 个表中的对应外键关系需要大家手动去创建。用于创建这 4 个表的 SQL 代码小伙伴们尽量自己写一下，看看能否写出来。当然，本书配套文件中也有源代码。对于这 4 个表，我们需要清楚以下 3 点。

- ▶ student、teacher、course 这 3 个表都有主键，分别是 sid、tid、cid。这 3 列的类型是字符串类型，而不是数字类型。
- ▶ course 表有一个主键和一个外键，主键是 cid，外键是 tid。其中外键 tid 依赖于 teacher 表的主键 tid。
- ▶ score 表没有主键，只有两个外键：sid 和 cid。其外键 sid 依赖于 student 表的主键 sid，而外键 cid 依赖于 course 表的主键 cid。

表创建完成之后，我们需要往这 4 个表中添加数据。这 4 个表的数据如表 19-5~表 19-8 所示。

表 19-5　student 表的数据

sid	sname	sgender	sbirthday
S01	刘梅	女	2000-07-21
S02	陈兰	女	2001-01-11
S03	张竹	男	2000-08-16
S04	李菊	女	2001-03-28
S05	王风	男	2002-02-04
S06	赵雨	男	2000-06-20
S07	孙雷	男	2001-10-22
S08	周电	男	2002-03-07
S09	吴红	女	2001-12-04
S10	郑英	女	2000-09-25

表 19-6　teacher 表的数据

tid	tname
T01	张三
T02	李四
T03	王五

表 19-7　course 表的数据

cid	cname	tid
C01	语文	T03
C02	数学	T02
C03	英语	T01

表 19-8　score 表的数据

sid	cid	grade
S01	C01	84
S01	C02	92
S01	C03	99
S02	C01	70
S02	C02	89
S02	C03	52
S03	C01	85
S03	C02	70
S03	C03	48
S04	C01	95
S04	C02	80
S05	C02	75
S05	C03	90

本章将该经典案例的 21 个问题分为以下两类，这样做的目的是让小伙伴们有一个循序渐进的学习过程。

▶ **基础问题**：只在单表中操作。

▶ **高级问题**：涉及子查询、多表查询等。

19.2　基础问题

本节都是一些基础问题，只会对单表进行操作，不会涉及子查询和多表查询。所以对于这一节的问题，小伙伴们应尽量在不看答案的情况下自己写出解决方法。

1. 查询每门课程的成绩都及格的学生的学号

这里操作的应该是 score 表。根据学号来对 score 表进行分组,每一组代表的就是一个学生的所有课程的成绩。在一个分组中,如果最低成绩大于或等于 60,那么输出该组的学生的学号。

▼ 举例:

```
select sid as 学号
from score
group by sid
having min(grade) >= 60;
```

运行结果如图 19-1 所示。

学号
S01
S04
S05

图 19-1

2. 求每个学生的所有课程的平均分,需要输出学号以及对应的平均分

这里操作的应该是 score 表。根据学号来对 score 表进行分组,每一组代表的就是一个学生的所有课程的成绩。分组之后,使用 avg() 函数就可以获取平均分。

▼ 举例:

```
select sid as 学号, avg(grade) as 平均分
from score
group by sid;
```

运行结果如图 19-2 所示。

学号	平均分
S01	91.6667
S02	70.3333
S03	67.6667
S04	87.5000
S05	82.5000

图 19-2

3. 查询姓"李"的教师的人数

这里操作的应该是 teacher 表。在 where 子句中使用 like 关键字实现模糊查询,获取姓"李"的教师的记录,然后再使用 count(*) 获取人数。

▶ **举例：**

```
select count(*) as 人数
from teacher
where tname like '李%';
```

运行结果如图 19-3 所示。

人数
1

图 19-3

4. 查询各门课程的课程编号、最高分、最低分和平均分

这里操作的应该是 score 表。根据 cid 列，使用 group by 子句来对 score 表进行分组，每一组代表的就是一门课程的基本情况。分组之后，使用聚合函数来分别获取最高分、最低分和平均分。

▶ **举例：**

```
select cid as 课程编号,
       max(grade) as 最高分,
       min(grade) as 最低分,
       avg(grade) as 平均分
from score
group by cid;
```

运行结果如图 19-4 所示。

课程编号	最高分	最低分	平均分
C01	95	70	83.5000
C02	92	70	81.2000
C03	99	48	72.2500

图 19-4

5. 查询选修每门课程的学生人数

这里操作的应该是 score 表。根据 cid 列，先使用 group by 子句对 score 表进行分组，每一组代表的就是一门课程的基本情况。然后使用 count() 函数来统计 sid 的行数，以获取学生的人数。

▶ **举例：**

```
select cid as 课程编号, count(sid) as 人数
from score
group by cid;
```

运行结果如图 19-5 所示。

课程编号	人数
C01	4
C02	5
C03	4

图 19-5

6. 查询男生和女生的人数

这里操作的应该是 student 表。根据 sgender 列，先使用 group by 子句对 student 表进行分组，然后使用 count(*) 来统计人数。

▶ 举例：

```
select sgender as 性别, count(*) as 人数
from student
group by sgender;
```

运行结果如图 19-6 所示。

性别	人数
女	5
男	5

图 19-6

7. 查询 2000 年出生的学生的基本信息

这里操作的应该是 student 表。sbirthday 列是学生的出生日期，包括年、月、日。使用 year() 函数就可以获取对应的年份。

▶ 举例：

```
select *
from student
where year(sbirthday) = 2000;
```

运行结果如图 19-7 所示。

sid	sname	sgender	sbirthday
S01	刘梅	女	2000-07-21
S03	张竹	男	2000-08-16
S06	赵雨	男	2000-06-20
S10	郑英	女	2000-09-25

图 19-7

8. 查询平均分大于 80 的课程编号和平均分

这里操作的应该是 score 表。根据 cid 列，先使用 group by 子句对 score 表进行分组，每一组代表的就是一门课程的基本信息。然后在 having 子句中判断每一组的平均分是否大于 80，如果是，则满足条件。

▶ 举例：

```
select cid as 课程编号, avg(grade) as 平均分
from score
group by cid
having avg(grade) > 80;
```

运行结果如图 19-8 所示。

课程编号	平均分
C01	83.5000
C02	81.2000

图 19-8

9. 查询"语文"这门课程的成绩在 60~80 的学生的学号

这里操作的应该是 score 表。判断某个值是否在某个范围内，既可以使用 between...and... 运算符来实现，也可以使用比较运算符来实现。

▶ 举例：

```
select sid as 学号
from score
where cid = 'C01' and grade between 60 and 80;
```

运行结果如图 19-9 所示。

学号
S02

图 19-9

10. 查询至少有 3 个学生选修的课程的编号。

这里操作的应该是 score 表。根据 cid 列，先使用 group by 子句对 score 表进行分组，每一组代表的就是一门课程的基本情况。然后在 having 子句中判断记录数是否大于或等于 3。

▌ 举例：

```
select cid as 课程编号
from score
group by cid
having count(*) >= 3;
```

运行结果如图 19-10 所示。

课程编号
C01
C02
C03

图 19-10

19.3 高级问题

本节的问题都是有一定难度的，涉及子查询和多表查询。在实际开发中，大多数查询都会涉及子查询和多表查询。小伙伴们如果能够在不看答案的情况下把这些问题的解决方法写出来，就说明对 SQL 已经掌握得非常好了。

1. 查询同时选修了语文（C01）和数学（C02）这两门课程的学生的学号

先从 score 表中查询 cid='C01'（语文）的所有记录，并为返回的结果起一个别名 sc1。然后从 score 表中查询 cid='C02'（数学）的所有记录，返回的结果起一个别名 sc2。最后使用笛卡儿积连接 sc1 和 sc2，并且判断 sc1.sid 是否等于 sc2.sid。

▌ 举例：

```
select sc1.sid from
    (select * from score where cid = 'C01') as sc1,
    (select * from score where cid = 'C02') as sc2
where sc1.sid = sc2.sid;
```

运行结果如图 19-11 所示。

sid
S01
S02
S03
S04

图 19-11

2. 查询同时选修了语文（C01）和数学（C02）这两门课程的学生的基本信息

先使用笛卡儿积连接获取同时选修了语文和数学这两门课程的学生的学号，然后使用子查询判断 student 表中的 sid 就可以了。

▶ **举例：**

```
select * from student where sid in (
    select sc1.sid from
        (select * from score where score.cid = 'C01') as sc1,
        (select * from score where score.cid = 'C02') as sc2
    where sc1.sid = sc2.sid
);
```

运行结果如图 19-12 所示。

sid	sname	sgender	sbirthday
S01	刘梅	女	2000-07-21
S02	陈兰	女	2001-01-11
S03	张竹	男	2000-08-16
S04	李菊	女	2001-03-28

图 19-12

3. 查询选修了全部课程的学生的基本信息

解决这个问题的思路和上一个问题是一样的，先使用笛卡儿积连接获取同时选修了语文、数学、英语这 3 门课程的学生的学号，然后使用子查询判断 student 表中的 sid 就可以了。

▶ **举例：**

```
select * from student where sid in
(
    select sc1.sid from
        (select * from score where score.cid = 'C01') as sc1,
        (select * from score where score.cid = 'C02') as sc2,
        (select * from score where score.cid = 'C03') as sc3
    where sc1.sid = sc2.sid and sc2.sid = sc3.sid
);
```

运行结果如图 19-13 所示。

sid	sname	sgender	sbirthday
S01	刘梅	女	2000-07-21
S02	陈兰	女	2001-01-11
S03	张竹	男	2000-08-16

图 19-13

4．查询语文（C01）成绩比数学（C02）成绩高的学生的基本信息

先使用笛卡儿积连接来获取语文成绩比数学成绩高的学生的学号，然后使用子查询判断 student 表中的 sid 就可以了。

▼ **举例：**

```
select * from student where sid in (
    select sc1.sid from
        (select sid, grade from score where cid = 'C01') as sc1,
        (select sid, grade from score where cid = 'C02') as sc2
    where sc1.sid = sc2.sid and sc1.grade > sc2.grade
);
```

运行结果如图 19-14 所示。

sid	sname	sgender	sbirthday
S03	张竹	男	2000-08-16
S04	李菊	女	2001-03-28

图 19-14

5．查询每门课程的成绩都及格的学生的基本信息

解决这个问题只需要使用子查询就可以了，使用子查询获取每门课程的成绩都及格的学生的学号。在子查询中针对的是 score 表，先使用 group by 子句来对 score 表进行分组，每一组代表的就是一个学生的课程情况。然后使用 having 子句判断每一个分组的最低成绩，如果最低成绩大于或等于 60，那么获取该分组的 sid。

▼ **举例：**

```
select * from student where sid in (
    select sid from score group by sid having min(grade) >= 60
);
```

运行结果如图 19-15 所示。

sid	sname	sgender	sbirthday
S01	刘梅	女	2000-07-21
S04	李菊	女	2001-03-28
S05	王风	男	2002-02-04

图 19-15

6. 获取所有学生的姓名，以及他们选修的课程的名称和对应的成绩

学生姓名位于 student 表中，课程名称位于 course 表中，成绩位于 score 表中。解决这个问题需要同时连接这 3 个表，这里使用的是内连接（inner join）。

举例：

```
select student.sname, course.cname, score.grade
from student
inner join score
on student.sid = score.sid
inner join course
on course.cid = score.cid;
```

运行结果如图 19-16 所示。

sname	cname	grade
刘梅	语文	84
陈兰	语文	70
张竹	语文	85
李菊	语文	95
刘梅	数学	92
陈兰	数学	89
张竹	数学	70
李菊	数学	80
王风	数学	75
刘梅	英语	99
陈兰	英语	52
张竹	英语	48
王风	英语	90

图 19-16

分析：

这个例子也可以使用别名的方式来实现，代码如下。

```
select s.sname, c.cname, t.grade
from student as s
inner join score as t
on s.sid = t.sid
inner join course as c
on c.cid = t.cid;
```

需要注意的是，每一次使用 inner join，都要在后面使用对应的 on 子句进行判断。下面两种方式是错误的。

```
-- 错误方式1
select student.sname, course.cname, score.grade
from student
inner join score
inner join course
on student.sid = score.sid
on course.cid = score.cid;

-- 错误方式2
select student.sname, course.cname, score.grade
from student
inner join score
inner join course
on student.sid = score.sid and course.cid = score.cid;
```

内连接一般也叫作"等值连接"（不考虑非等值连接），所以这个例子使用内连接比较合适。使用外连接是有问题的，小伙伴们可以自行尝试一下。

7. 查询每个学生的所有课程的平均分，并输出学生姓名和平均分

学生姓名位于 student 表中，平均分需要从 score 表中获取，所以这里涉及多表连接查询。先根据 sid 列对 score 表进行分组，每一个分组代表的就是一个学生的所有课程的成绩。然后获取学生学号（sid）和平均分（avg(grade)），最后将 student 表和返回结果进行内连接。

▼ 举例：

```
select s.sname, sc.avg_grade
from student as s
inner join (
    select sid, avg(grade) as avg_grade from score group by sid
) as sc
on s.sid = sc.sid;
```

运行结果如图 19-17 所示。

sname	avg_grade
刘梅	91.6667
陈兰	70.3333
张竹	67.6667
李菊	87.5000
王风	82.5000

图 19-17

8. 查询选修"张三"教师教的课程的学生的基本信息

教师信息位于 teacher 表中（需要先从 teacher 表中找到"张三"的 tid），教师编号和课

程编号的关系见 course 表，学生学号和课程编号的关系见 score 表。而学生的基本信息需要从 student 表中获取。

　　所以这里需要把 teacher、course、score 和 student 这 4 个表连接起来，我们有两种实现方式：笛卡儿积连接和内连接。

▼ 举例：笛卡儿积连接

```
select student.*
from teacher, course, score, student
where teacher.tname = '张三'
    and teacher.tid = course.tid
    and course.cid = score.cid
    and score.sid = student.sid;
```

运行结果如图 19-18 所示。

sid	sname	sgender	sbirthday
S01	刘梅	女	2000-07-21
S02	陈兰	女	2001-01-11
S03	张竹	男	2000-08-16
S05	王风	男	2002-02-04

图 19-18

▼ 举例：内连接

```
select student.*
from teacher
inner join course on teacher.tid = course.tid
inner join score on course.cid = score.cid
inner join student on score.sid = student.sid
where teacher.tname = '张三';
```

运行结果如图 19-19 所示。

sid	sname	sgender	sbirthday
S01	刘梅	女	2000-07-21
S02	陈兰	女	2001-01-11
S03	张竹	男	2000-08-16
S05	王风	男	2002-02-04

图 19-19

9. 查询各门课程的名称、最高分、最低分和平均分

课程名称（cname）位于 course 表中，最高分、最低分和平均分需要根据 score 表来计算，

所以这里需要连接 course 表和 score 表。这里同样也有两种实现方式：①笛卡儿积连接，②内连接。

▶ 举例：笛卡儿积连接

```
select c.cname, sc.max_grade, sc.min_grade, sc.avg_grade
from course as c, (
    select cid,
            max(grade) as max_grade,
            min(grade) as min_grade,
            avg(grade) as avg_grade
    from score
    group by cid
) as sc
where c.cid = sc.cid;
```

运行结果如图 19-20 所示。

cname	max_grade	min_grade	avg_grade
语文	95	70	83.5000
数学	92	70	81.2000
英语	99	48	72.2500

图 19-20

▶ 举例：内连接

```
select c.cname, sc.max_grade, sc.min_grade, sc.avg_grade
from course as c
inner join (
    select cid,
            max(grade) as max_grade,
            min(grade) as min_grade,
            avg(grade) as avg_grade
    from score
    group by cid
) as sc
on c.cid = sc.cid;
```

运行结果如图 19-21 所示。

cname	max_grade	min_grade	avg_grade
语文	95	70	83.5000
数学	92	70	81.2000
英语	99	48	72.2500

图 19-21

10. 查询在 score 表中存在成绩的学生的基本信息

先获取 score 表中存在成绩的学生的学号，然后使用子查询判断 student 表中的 sid 就可以了。

▶ **举例：**

```
select * from student where sid in (
    select distinct sid from score
);
```

运行结果如图 19-22 所示。

sid	sname	sgender	sbirthday
S01	刘梅	女	2000-07-21
S02	陈兰	女	2001-01-11
S03	张竹	男	2000-08-16
S04	李菊	女	2001-03-28
S05	王风	男	2002-02-04

图 19-22

11. 查询至少选修了两门课程的学生的姓名

学生与课程的关系见 score 表，而学生的姓名位于 student 表中。对于这个问题，我们有两种方式解决：子查询，以及内连接。

▶ **举例：子查询**

```
select sname from student
where sid in (
    select sid from score group by sid having count(cid) >= 2
);
```

运行结果如图 19-23 所示。

sname
刘梅
陈兰
张竹
李菊
王风

图 19-23

举例：内连接

```
select s.sname
from student as s
inner join (
    select sid from score group by sid having count(cid) >= 2
) as sc
on s.sid = sc.sid;
```

运行结果如图 19-24 所示。

sname
刘梅
陈兰
张竹
李菊
王风

图 19-24

最后我们应该知道，对于 SQL 来说，查询才是最重要的。小伙伴们如果能掌握各种查询，那离掌握 SQL 也就不远了。

第 4 部分
附录

附录 A

查询子句

子　句	说　明
select	查询哪些列
from	从哪个表查询
where	查询条件
group by	分组
having	分组条件
order by	排序
limit	限制行数

附录 B

列的属性

属　　性	说　　明
default	默认值
not null	非空（不允许为空）
auto_increment	自动递增
check	条件检查
unique	唯一键
primary key	主键
foreign key	外键
comment	注释

附录 C

连接方式

MySQL 中没有 full outer join 这样的完全外连接。如果想要实现完全外连接，只需要对左外连接和右外连接的结果求并集即可。

关　键　字	说　　明
inner join	内连接
left outer join	左外连接
right outer join	右外连接
cross join	笛卡儿积连接（交叉连接）

附录 D
内置函数

聚合函数	说　明
sum()	求和
avg()	求平均值
max()	求最大值
min()	求最小值
count()	获取行数
数学函数	**说　明**
abs()	求绝对值
mod()	求余
round()	四舍五入
ceil()	向上取整
floor()	向下取整
pi()	获取圆周率
rand()	获取 0~1 的随机数
字符串函数	**说　明**
length()	求字符串长度
trim()	同时去除开头和结尾的空格
ltrim()	去除开头的空格
rtrim()	去除结尾的空格
concat()	拼接字符串（不使用连接符）
concat_ws()	拼接字符串（使用连接符）
repeat()	重复字符串

字符串函数	说　明
replace()	替换字符串
substring()	截取字符串
left()	截取开头 n 个字符
right()	截取结尾 n 个字符
lower()	转换为小写
upper()	转换为大写
lpad()	在左边补全
rpad()	在右边补全
时间函数	**说　明**
curdate()	获取当前日期
curtime()	获取当前时间
now()	获取当前日期时间
year()	获取年份，返回 4 位数字
month()	获取月份，返回 1~12 的整数
monthname()	获取月份，返回英文月份名
dayofweek	获取星期，返回 1~7 的整数
dayname()	获取星期，返回英文星期名
dayofmonth()	获取天数，即该月中第几天
dayofyear()	获取天数，即该年中第几天
quarter()	获取季度，返回 1~4 的整数
系统函数	**说　明**
database()	获取数据库的名字
version()	获取当前数据库的版本号
user()	获取当前用户名
connection_id()	获取当前连接 ID
排名函数	**说　明**
rank()	跳跃性的排名，比如 1、1、3、4
row_number()	连续性的行号，比如 1、2、3、4
dense_rank()	结合 rank() 和 row_number()，比如 1、1、2、3
加密函数	**说　明**
md5()	使用 MD5 算法加密
sha1()	使用 SHA-1 算法加密
其他函数	**说　明**
cast()	类型转换
if()	条件判断
ifnull()	条件判断，判断 NULL

附录 E "库" 操作

语　句	功　能
create database 或 create schema	创建库
show databases 或 show schemas	查看库
alter database 或 alter schema	修改库
drop database 或 drop schema	删除库

附录 F

"表"操作

创 建 表	说 明
create table	创建表
查 看 表	**说 明**
show tables	查看当前库都有哪些表
show create table	查看表的 SQL 创建语句
describe	查看表的结构
修 改 表	**说 明**
alter table...rename to...	修改表名
alter table...change...	修改列名
alter table...modify...	修改数据类型
alter table...add...	添加列
alter table...drop...	删除列
复 制 表	**说 明**
create table...like...	只复制结构
create table...as...	同时复制结构和数据
删 除 表	**说 明**
drop table	删除表

附录 G

"数据" 操作

语　句	功　能
select...from...	查询数据
insert into...values...	增加数据
update...set...	更新数据
delete from...	删除数据
truncate table	清空数据

附录 H

"视图" 操作

创建视图	说　明
create view	创建视图
查看视图	说　明
describe	查看视图字段信息
show table status like	查看视图基本信息
show create view	查看视图定义代码
修改视图	说　明
alter view	修改视图
删除视图	说　明
drop view	删除视图

附录 I

"索引"操作

语　句	功　能
create index...on...	创建索引
show index from...	查看索引
drop index...on...	删除索引

注：MySQL 没有真正意义上的修改索引，如果想要修改一个索引，我们可以先删除该索引，然后创建一个同名索引即可。

后记

　　当小伙伴们看到这里的时候，说明大家在 MySQL 上已经打下了坚实的基础了。如果你希望在 MySQL 这条路上走得更远，接下来还要学习更高级的技术才行。

　　很多作者力求在一本书中把 MySQL 所有技术都讲解了，其实这是不现实的。因为读者需要一个循序渐进的过程，才能更好地把技术学透。本书是 MySQL 的基础部分，不过我相信已经把市面上大多数同类图书的知识点都讲解了。

　　对于 MySQL 方向的学习，有一点要跟大家说的：不要奢望只看一个教程就能把 MySQL 学透，这是不可能的。从心理学角度来看，一个知识点要在多个不同场合下碰到，我们才会有更深刻的理解和记忆。所以小伙伴们还是要多看看同类书，以及多查看一下官方文档。

　　不同的 DBMS 的语法也不一样，如果小伙伴们想要了解其他 DBMS（如 SQL Server、Oracle、PostgreSQL 等），可以看一下"从 0 到 1"系列的其他书。实际上，"从 0 到 1"是我一直尽最大努力去完善的一个系列图书，除了 SQL 开发之外，还包含了前端开发、Python 开发等方向。

　　最后，对于更多 SQL 相关的技术，以及更多"从 0 到 1"系列图书，小伙伴们也可以关注我的个人网站：绿叶学习网。